PLATTERBSEN-MÖRTELBIENE

Megachile ericetorum / Männchen & Weibchen an der Breitblättrigen Platterbse *Lathyrus latifolius*

Illustration

WILDBIENEN DIE UNBEKANNTEN WESEN

Kaum einer kennt sie – ihre Vielfalt ist atemberaubend. Auch in unseren heimischen Gärten. Aber: Die unersetzlichen Bestäuber sind ernsthaft bedroht. Wie jeder von uns Wildbienen helfen kann, steht in diesem Buch.

Als ich 2014 mit den Recherchen zu der ersten Auflage dieses Buchprojektes begann, wurde mir klar: Die wenigsten Menschen kennen Wildbienen. Dass 565 belegte Wildbienenarten allein in Deutschland vorkommen, wusste kaum jemand. Insekten und heimische Pflanzen rücken immer stärker in den Fokus der öffentlichen Wahrnehmung. Um diese Entwicklung weiterhin zu unterstützen, habe ich viel Zeit in die vorliegende überarbeitete Neuauflage investiert. Informationen wurden aktualisiert, Tabellen optimiert, 315 neue Fotografien wurden eingefügt und neue Zeichnungen einiger Bienen sind entstanden. Insgesamt beinhaltet das Buch über 860 fotografische Abbildungen und 24 Illustrationen.

Ich möchte mit alldem zum „genauen Hinschauen" und zu einem „liebevollen Blick" verführen. Auch wenn der Gedanke nicht neu ist, letztlich kann man nur schützen, was man kennt.

Wildbienen mit der Makrokamera zu beobachten und so in die Welt der Insekten einzutauchen, ist wunderbar. Im selben Moment wird die Perfektion und Schönheit unserer Fauna und Flora sichtbar. Nur wer diese Entdeckung noch nicht gemacht hat, tauscht freiwillig lebendige Artenvielfalt gegen Schotterflächen aus.

Was sind Wildbienen und welche Pflanzen und Lebensräume brauchen sie? Nach Monaten gegliedert, führt dieses Buch durch die Wildbienensaison und schärft den Blick auf die teilweise recht unscheinbaren Arten sowie auf heimische Blühpflanzen.

Für viele bedrohte Arten sind Schutzgebiete und naturnahe Gärten inzwischen die letzten zur Verfügung stehenden Rückzugsorte.

Mit unseren Gärten erreichen wir eine Vielzahl an Insekten, die in Offenlandschaften vorkommen. Genau diese nicht bewaldeten Landschaften werden immer seltener, da sie landwirtschaftlich genutzt werden. Artenreiche Gärten bieten bei entsprechender Bepflanzung und Struktur genau die richtigen Bedingungen für Wildbienen und viele weitere Insekten.

Ahmen Sie in Ihrem Garten die Natur nach. Sie werden mit einer Artenvielfalt belohnt, die sich fast wie von selbst einstellt.

Anja Eder

ROSTROTE MAUERBIENE

Osmia bicornis

Zwei frisch geschlüpfte Männchen.

INHALT

DUNKLE ERDHUMMEL
Bombus terrestris

UNSERE BESTÄUBER
INSEKTEN OHNE ZUKUNFT?

Nach Belieben verändert der Mensch seine Umwelt und bedient sich freizügig an allem, was unser Planet an wunderbaren Geschöpfen und Pflanzen hervorgebracht hat. Dabei geht er äußerst effizient und gefährlich naiv vor. Ressourcen werden bedenkenlos verbraucht, komplexe Ökosysteme empfindlich gestört.

Das ist nicht neu, diese Haltung zeichnet den Homo sapiens seit eh und je aus. Doch wenn es nun um das Verschwinden der Insekten geht, ist einer der wichtigsten Bausteine unseres Ökosystems betroffen. Ohne Insekten, die unsere Natur bestäuben, wird es schwierig mit der Nahrung für Milliarden Menschen. Eine Flora und Fauna ohne natürliche Bestäubung mag sich keiner vorstellen.

„Insekten sind die artenreichste Gruppe aller Lebewesen: Sie stellen über 70 % der Tierarten weltweit. Für den Erhalt der Biodiversität sind sie unersetzlich. Insekten bilden die Grundlage eines komplexen Nahrungsnetzes und dienen Spinnen, Vögeln, Reptilien, Amphibien und Säugetieren als Nahrungsquelle. Für den Menschen sind die Leistungen der blütenbestäubenden Insekten von zentraler Bedeutung. Am und im Boden befördern sie den Nährstoffkreislauf sowie die Humusbildung, im Wasser lebende Insektenlarven tragen zur Selbstreinigung von Gewässern bei. Doch sowohl die Gesamtzahl der Insekten und als auch die Vielfalt der Insektenarten haben in den vergangenen Jahrzehnten in Deutschland abgenommen. Die 2011 und 2016 vom Bundesamt für Naturschutz (BfN) veröffentlichten Roten Listen zu den wirbellosen Tieren belegen diesen Negativ-Trend für zahlreiche Insektenarten anhand von bundesweit repräsentativen Daten."

(Quelle: Insektenrückgang: Daten und Fakten, Bundesamt für Naturschutz, 06/2018)

Dieser Text schildert verständlicherweise recht sachlich eine dramatische Entwicklung. Über 80% aller Nutzpflanzen werden von Insekten qualitativ hochwertig und effizient bestäubt. Unsere Obst- und Gemüseerträge stehen mit einem Wegfall dieser „kostenlosen" Ökosystemleistung auf dem Spiel. Jene Leistung müsste künstlich ersetzt werden – können sich dann noch alle Menschen diese Grundnahrungsmittel leisten? Die Antwort kann nur lauten, dass es so weit nicht kommen darf.

In dem 2017 veröffentlichten Agrar-Report fasst das Bundesamt für Naturschutz (BfN) zusammen:

- **die Insektenbiomasse ist deutlich rückläufig**
- **auch Naturschutzgebiete sind betroffen (80% Rückgang)**
- **Vögel, Fledermäuse, Kleinsäuger sind bedroht**
- **41% der Wildbienenarten sind bestandsgefährdet**

(Entwicklung bezogen auf Deutschland über einen Zeitraum von 30 Jahren)

Die Gründe für diese Entwicklung sind laut BfN:

- **die Strukturverarmung in der Landwirtschaft**
- **der großflächige Einsatz von Pflanzenschutzmitteln**
- **der Einsatz von Saatgutbeizen (Neonikotinoide*)**
- **die Einengung der Feldfruchtfolge**
- **der Wegfall von Randstrukturen und Blühstreifen**
- **das Nährstoffüberangebot in den Böden**

Dies führt zu einer flächendeckenden Verringerung des Blütenangebots sowie der Blütenvielfalt. Ab 2020 sollte die gemeinsame Agrarpolitik der EU daher eine Neuausrichtung erfahren. Im Frühjahr 2018 erließ die EU ein Verbot für den Einsatz der drei neonikotinoiden Wirkstoffe Clothianidin, Imidacloprid und Thiamethoxam. Sie sind inzwischen nur noch im Gewächshaus erlaubt.

Diese Maßnahmen sollten aber nicht dazu führen, dass nun die Hände in den Schoß gelegt werden. Nach wie vor wird dem anhaltenden Verlust von Lebensräumen für Wildbienen & Co. nicht nachhaltig entgegen getreten. Wir versiegeln Flächen in einer Stumpfheit, die inzwischen selbst kleinste Blütenoasen wie Vorgärten erfasst. Ein Trend, der unsere Ignoranz gegenüber den eigenen Lebensgrundlagen auf traurige Weise dokumentiert.

*„Neonicotinoide sind eine Gruppe von hochwirksamen Insektiziden. Die synthetisch hergestellten Wirkstoffe binden sich an die Rezeptoren der Nervenzellen und stören die Weiterleitung von Nervenreizen. Neonicotinoide wirken auf die Nervenzellen von Insekten weit stärker als auf die Nerven von Wirbeltieren und werden zur Blattbehandlung, als Beizmittel und zur Bodenbehandlung eingesetzt."

(Quelle: NABU / Dramatischer Rückgang der Fluginsekten)

ROSTROTE MAUERBIENE
Osmia bicornis

Rastplatz mit Aussicht auf der geschlossenen Blüte eines Alliumgewächses.

UNSERE GÄRTEN
WICHTIGE INSELN DER NAHRUNGSVIELFALT

Eine mit Pestiziden belastete Großmarktpflanze landete im Mai 2014 in unserem Garten. Ich beobachtete, wie die Bienen unmittelbar nach dem Blütenbesuch die Orientierung verloren. Was auch immer ich darüber im Nachhinein herausfand und erklärt bekam, es hat mich ohnmächtig zurückgelassen. Diese Erfahrung hat mich dazu bewogen, das Buchprojekt in Angriff zu nehmen.

Wir sollten nicht zu sehr darauf hoffen, dass politische und wirtschaftliche Maßnahmen eine Verbesserung der Situation in der erforderlichen Zeit bewirken.

Was können wir tun, um das Gefühl der Ohnmacht zu überwinden?

Unsere Gärten haben das Potenzial, zu pollen- und nektarreichen Oasen zu werden. Wir können mit einfachen Mitteln etwas für die Verbesserung des Nahrungsangebotes tun. Sowohl die Insekten als auch die Vögel brauchen dringend Unterstützung.

Die große Chance, die in unseren Grün- und Gartenflächen liegt, veranschaulicht ein Flächenvergleich innerhalb Deutschlands. Würde man alle Privatgärten zusammenzählen, ergäbe sich laut NABU eine Fläche, die in etwa so groß ist wie alle Schutzgebiete Deutschlands.

Gezielt bepflanzte Flächen im privaten sowie im öffentlichen Raum können für unterschiedlichste Insekten wichtige Inseln der Nahrungsvielfalt darstellen. Es gilt, die Herrschaft der Monokulturen aufzubrechen. Versiegelte Bodenflächen lassen kein Leben zu. Der sogenannte „Englische Rasen" gleicht einer leblos grünen Fläche. Öffentliche Parks sind grün, aber oft blütenarm. Sie sind häufig mit Bepflanzungen versehen, die keine Nahrung bieten.

Wildstaudenbeete, eine verwilderte Ecke innerhalb des Gartens oder etwas Totholz verwandeln jede Fläche in Lebensräume für Wildbienen, Schmetterlinge und viele andere Insekten.

Schaffen wir mehr naturnahe Grünflächen und Gärten im eigenen oder näheren Umfeld!

Noch werden viele exotische oder gar pestizidbehandelte Pflanzen zum Beispiel in Baumärkten verkauft. Noch kaufen viele künstlichen Dünger, obwohl die Gärten selbst Dünger in Form von Blättern und verwelktem Pflanzenmaterial zur Verfügung stellen. Noch wandert vieles von diesem wertvollen Material samt Mikroorganismen in den Abfall. Hauptsache, der Garten ist gepflegt – also sauber.

Wir können und müssen an dieser Stelle neu denken. Viele eigenverantwortliche Initiativen und Projekte verfolgen bereits die Idee, anders zu gärtnern.

Die folgenden Seiten sollen Sie erst einmal mit der wunderbaren Welt unserer Wildbienen bekannt machen. Zudem möchte ich Ihnen einen Einblick in die bemerkenswerte Vielfalt unserer heimischen Blühpflanzen geben. Beides zusammen betrachtet, ergibt eine sich bedingende Schönheit und Lebendigkeit, die ansteckend wirkt. Vielleicht wird das ein oder andere Gartenkonzept mit neuen Augen gesehen und kurzerhand umgekrempelt.

Ich möchte Ihnen an dieser Stelle mit der Beschreibung unseres eigenen kleinen Gartenprojektes Mut machen.

Ebenfalls im Jahr 2014 begann ich, unseren Garten nach und nach umzugestalten. Edelrosen, Hortensien und Buchsbaum mussten weichen, um Platz für insektenfreundliche Blühpflanzen zu machen. Die inzwischen größtenteils heimische Pflanzenwelt unserer 180 qm großen Gartenfläche inmitten der Wuppertaler Altstadt lockte innerhalb weniger Jahre zahlreiche Insekten an. Unter ihnen entdeckte ich 57 Wildbienenarten, 48 Schmetterlingsarten, 29 Schwebfliegenarten und 41 Wespenarten, um nur einige der Insektenfamilien zu nennen.

Das bedeutet nicht, dass der Garten vor lauter Insekten nicht mehr betreten werden kann. Sie fallen kaum auf. Um sie zu fotografieren, muss ich nach ihnen suchen. Und das, obwohl ich mittlerweile eine Art „selektive Wahrnehmung" habe – meiner Aufmerksamkeit entgeht kaum ein Insekt.

Auch seltene Wildbienenarten nisten dauerhaft in unserem Garten. Die Bienen finden nicht nur entsprechende Nahrung in Form ihrer Lieblingsblüten, sondern zudem die notwendigen Bedingungen, um ihre Nester im Boden, in Totholz, in trockenen Pflanzenstängeln oder in Nisthilfen zu bauen. In meinem neuen Buch über unseren „Arten-Retter-Garten" stelle ich die Tiere und die Lebensbedingungen, die ich für sie geschaffen habe, vor.

Seien Sie mutig, probieren Sie etwas Neues aus. Lassen Sie sich nicht von Ihren „ordentlichen Garten-Nachbarn" davon abhalten, regionale Wildstauden in den Garten zu pflanzen. Sie werden innerhalb weniger Jahre mit einer beeindruckenden Artenvielfalt belohnt, die Ihren Alltag bereichern wird.

GELBBINDIGE FURCHENBIENE
Halictus scabiosae

Zwei Weibchen auf der Krausen Ringdistel
Carduus crispus.

Ein Beitrag von Dirk Peters

WILDBIENEN UND IHRE BEDEUTUNG IN DER NATUR

Alfred C. Hawkins hatte offensichtlich keine Ahnung von der Bedeutung seines Fundes. Ein tropfengroßes Stück Bernstein mit einem eingeschlossenen Insekt, gefunden auf einer seiner Exkursionen in den 1920er Jahren in New Jersey. Nichts Besonderes für einen Geologen. Die Probe verschwand neben tausenden anderen im Magazin eines Museums. Dort blieb sie und kümmerte niemanden – mehr als ein halbes Jahrhundert lang. Dann fiel das Fossil in die Hände der Bienenforscher Charles Michener und David Grimaldi. Sie interessierte das im Bernstein eingeschlossene Insekt und Sie analysierten es mit moderner Technik. Das Ergebnis war sensationell: eine Biene, mindestens 75 Millionen Jahre alt und somit aus der Zeit, als die großen Dinosaurier die Landmasse der Erde bevölkerten.

Es ist bis heute das älteste gefundene Fossil einer Biene. Was die Forscher besonders erstaunte: Das Exemplar war hoch entwickelt und zeigte frappierende Ähnlichkeit mit heute lebenden Bienenarten. Es handelte sich um eine Arbeiterin, die – wie bei heutigen Honigbienen und einigen Hummelarten – selber keine Eier legen konnte. Dies deutet auf die biologische Arbeitsteilung, die staatenbildende Insekten auszeichnet. Die Wissenschaftler schlossen daraus, dass die Evolution der Bienen zu dieser Zeit schon mehr oder weniger auf heutigem Stand war. Das bedeutet auch, dass schon sehr viel früher die ersten Insekten der Gattung Biene ihren Flug gestartet hatten. Schätzungen gehen in die frühe Kreidezeit vor etwa 200 Millionen Jahren.

KOOPERATION STATT ABSCHOTTUNG BESTÄUBUNG

Doch es ist nicht allein diese unvorstellbar lange Zeit, die die Bedeutung der Bienen für die Entwicklung der Natur beschreibt. Denn Bienen stehen mehr als jede andere Gattung für einen der erfolgreichsten und dauerhaftesten Kooperationsmechanismen in der Geschichte der Evolution: der Bestäubung.

Der Austausch von Pollen als Samenzellen markiert eine entscheidende Errungenschaft in der Entwicklung der Pflanzenwelt. Er ist das Äquivalent zur sexuellen, zweigeschlechtlichen Vermehrung in der Tierwelt und begann vor etwa 300 Millionen Jahren. Der Austausch und die Rekombination des genetischen Materials zweier Exemplare ist der Garant für die Ausbildung neuer Varianten in der nächsten Generation und somit der ständigen Anpassung und Weiterentwicklung.

Zunächst verbreiteten sich die Pollen mit dem Wind, später schleppten auch Käfer die Samenzellen von Blüte zu Blüte. Aber erst mit dem Aufkommen von Fluginsekten nahm die Bestäubung an Fahrt auf. Und dann setzte ein Prozess ein, den Biologen Koevolution nennen: die wechselseitige Beeinflussung von Tier- und Pflanzenarten mit einem gemeinsamen Zentrum, der Bestäubung.

Das Aufkommen der mobilen und hungrigen Fluginsekten hatte für die Pflanzen durchaus eine bedrohliche Seite, weil die energiereichen Pollen ihnen schutzlos ausgeliefert waren. Insofern lagen Abwehrmechanismen nahe, zum Beispiel Giftstoffe oder Dornen.

Interessanterweise hat sich genau das Gegenteil als erfolgreicher erwiesen. Auch wenn ein Großteil der Pollen als Nahrung „missbraucht" wird – ein unscheinbarer Nebeneffekt gleicht diesen Nachteil mehr als aus. Denn nicht alle Pollen werden von den Insekten vertilgt. Manche haften am Körper der Tiere und haben so die Chance als blinde Passagiere auf dem Blütenstempel einer anderen Pflanze zu landen und dort eine Befruchtung auszulösen.

Diese Chance ist zwar gering, aber wesentlich größer als bei einer Verteilung des Blütenstaubes über den Wind. Bei immer mehr Pflanzen entwickelten sich damit Strategien, die Tiere anzulocken und für den Besuch zu belohnen. Statt den Insekten den Pollen als Futter zu verweigern, wurde er freigiebig angeboten. Zusätzlich begannen Pflanzen, mit Nektar den Besuch ihrer Blüten noch attraktiver zu machen.

Noch heute gibt es zwar Pflanzenarten, die bei der Bestäubung ausschließlich auf den Wind setzen. Sie alle haben ein gemeinsames Merkmal: Ihre Blüten sind unscheinbar.

Bei den sogenannten zoophilen Pflanzen dagegen, die die Hilfe von Tieren bei der Bestäubung nutzen, setzte ein Wettbewerb ein. Dabei ging es nicht allein um das Angebot von Pollen und Nektar, sondern auch um die Aufmerksamkeit der Insekten mit oft nur eingeschränkter Sehfähigkeit. Alles, was wir heute an Blüten so sehr schätzen – knallige Farben, bizarre Formen und Düfte – sind das Ergebnis dieses Werbens. Vögel, Fledermäuse, verschiedenste Insekten: Viele Tierarten tragen zur Blütenbestäubung bei. Aber es sind die vielen Bienenarten, die hier die Hauptlast tragen.

Die meisten Pflanzen adressieren ihre Blütensignale in Richtung der Bienen. Für Menschen ist es ein großes Glück, dass wir offensichtlich Vorlieben in Bezug auf Aussehen und Geruch mit den Bienen teilen. Wie würde die Natur aussehen, wenn die Mehrzahl der Pflanzen statt Bienen Schmeißfliegen anlocken würde? Die Pflanze *Stapelia gigantea* tut genau dies. Wikipedia bescheinigt ihr „aasartiges Aussehen mit Haaren wie ein Tierkadaver, penetranter Geruch nach Verwesung".

Je mehr man sich mit der Entwicklung und Lebensweise der Bienen beschäftigt, desto deutlicher wird, wie sehr sie die Pflanzenwelt mitgeprägt haben. Und damit auch die Bedeutung der Bienen für die Pflanzenwelt sowohl in der freien Natur wie auch in der Landwirtschaft.

HONIGBIENE
Apis mellifera

Blick in die Blüte einer Pfingstrose.

BIENEN
MEHR ALS HONIG

Umgangssprachlich werden als Bienen nur die wenigen Arten der westlichen Honigbiene bezeichnet, weshalb sich für alle anderen Bienenarten der Begriff Wildbienen durchgesetzt hat. Und bei deren Artenvielfalt wird es unübersichtlich: Etwa 30.000 Arten sind in den Datenbanken der Biologen beschrieben. Mehr als 580 davon kommen auch in Deutschland vor. Dabei ist es nicht möglich, nur anhand von äußeren Merkmalen zu erkennen, ob es sich bei einem Insekt um eine Biene handelt. Zwar haben alle Bienen sechs Beine, zwei Paar Hautflügel und sind zwischen 1,3 und 30 mm groß. Darüber hinaus sind jedoch Farben und Formen mannigfaltig. Für eine eindeutige Zuordnung zur Familie der Bienen ist daher ein DNA-Test erforderlich. So gehören Hummeln zur biologischen Familie der Bienen, nicht aber Wespen.

SOZIAL LEBENDE BIENEN
HONIGBIENEN UND HUMMELN

Drei große Gruppen von Bienen werden unterschieden. Maßgeblich dabei sind nicht äußerliche Kriterien, sondern die Art zu leben und den Nachwuchs zu organisieren: kollektiv lebende Bienen, Solitärbienen und Kuckucksbienen.

Honigbienen haben die soziale Lebensweise auf die Spitze getrieben. Ihre hochorganisierten Staaten und komplexen Kommunikationssysteme faszinieren Naturforscher seit Jahrhunderten und sind nach wie vor Gegenstand wissenschaftlicher Studien. Aber nicht nur Honigbienen, auch Hummeln bilden Staaten. Allerdings sind Hummel-Völker deutlich kleiner und zählen nur 30 bis 600 Tiere. Und: Bei den Hummeln überleben nur die zukünftigen Königinnen den Winter, und die müssen im Frühjahr einen neuen Staat gründen.

Bei günstigen Witterungsbedingungen gründet ein Teil der Jungköniginnen noch im gleichen Sommer eine neue Kolonie. In Deutschland leben 41 Hummelarten, weltweit gibt es etwa 250. Die Bedeutung der Hummeln für die Bestäubung ist immens – und wurde lange Zeit unterschätzt. Das liegt an ihrer im Vergleich zu Honigbienen größeren Anpassungsfähigkeit an Extreme. Hummeln fliegen bereits bei 3° Celsius, dadurch beginnt ihre Saison früher und endet später als bei den meisten Insekten. Hummeln fühlen sich auch im Gebirge wohl. Bis in eine Höhe von 5.000 Metern wurden sie bereits gesichtet. Viele Pflanzen, die zur kalten Jahreszeit blühen oder im Hochgebirge leben, hätten ohne Hummeln nur wenig oder gar keine Chancen, sich zu verbreiten.

Seit einigen Jahrzehnten werden Hummeln auch in der Landwirtschaft gezielt zur Bestäubung eingesetzt. In spezialisierten Fabriken in Holland und Belgien werden jedes Jahr Millionen von künstlichen Hummelnestern hergestellt und mit gezüchteten Königinnen bestückt. Kleine Plastikboxen, ohne die kaum ein Gewächshaus zur Zucht von Tomaten oder Gemüse auskommt. Das ist ökologisch nicht unbedenklich, vor allem, wenn in Gewächshäusern Hummelarten eingesetzt werden, die in der natürlichen Umgebung nicht vorkommen. In Australien, wo Hummeln in der Natur nicht vorkommen, ist der Einsatz von Hummeln in Gewächshäusern deshalb verboten und in Japan nur in Verbindung mit speziellem Schutz erlaubt.

Maßnahmen, die für Lateinamerika zu spät kommen: Nachkommen von Dunklen Erdhummeln, die 1998 aus chilenischen Gewächshäusern entkommen sind, breiten sich seitdem rapide aus. Da sie obendrein auch den einzelligen Parasiten *Crithidia bombi* verbreiten, ist der Schaden für heimische Hummelarten immens.

Eine Tanz-Sprache wie die der Honigbiene ist bei Hummeln nicht beobachtet worden. Aber auch Hummeln nutzen komplexe Systeme der Kommunikation und Orientierung, die auch Gegenstand aktueller Forschung sind. Nach aktuellem Stand kommen dabei sowohl chemische Duftstoffe wie auch das Magnetfeld der Erde zum Einsatz.

Ohne Zweifel: Hummeln verfügen über faszinierende Fähigkeiten. Die Überwindung von Naturgesetzen gehört allerdings nicht dazu. Das vielzitierte „Hummel-Paradoxon“, nach dem sie wegen des Verhältnis von Gewicht und Flügelgröße gemäß den Gesetzen der Aerodynamik flugunfähig seien, ist nicht mehr als ein moderner Mythos.

GROSSE ZOTTELBIENE
Panurgus banksianus / Männchen

Schlaf in einer sich schließenden Blüte des Kleinen Habichtskrautes *Hieracium pilosella*. Bei Sonnenschein sind die Blüten von etwa 8:00 bis 15:00 Uhr geöffnet.

NICHT IMMER EINSIEDLER
SOLITÄRBIENEN

Die überwiegende Zahl der Bienenarten lebt nicht im Staatenverbund. Sie werden als Solitärbienen bezeichnet. Was aber nicht bedeutet, dass sie ihr komplettes Leben als Einsiedler verbringen. Manche bilden Brutkolonien mit Artgenossen, andere suchen gemeinsame Schlafplätze. Viele dieser Kooperationen lassen sich evolutionsgeschichtlich als Vorstufe zur Staatenbildung interpretieren.

Bei mehr als 20.000 bis 30.000 Arten von Solitärbienen ergibt sich eine kaum überschaubare Vielfalt bei Lebensweisen und Ernährungsgewohnheiten. Es gibt jedoch Gemeinsamkeiten. So dauert das Leben als Fluginsekt bei fast allen Bienenarten nur wenige Wochen. Dem voraus geht eine etwa einjährige Phase als teilweise verpuppte Larve. Die männlichen Bienen verbringen ihr kurzes Insektenleben mit der Suche nach Nahrung und einer Gelegenheit für Sex. Das Leben der Weibchen ist dagegen komplizierter. Ihnen fällt die Verantwortung für den Nachwuchs zu.

Die meisten in Deutschland lebenden Wildbienenarten legen ihre Nester in Erdhöhlen an. Aber auch Hohlräume in Ästen, alten Baumstämmen oder Mauerspalten werden genutzt. Manche Arten mögen es exotisch: *Osmia bicolor* beispielsweise nutzt für den Nestbau verlassene Schneckenhäuser, was ihr den deutschen Namen Zweifarbige Schneckenhaus-Mauerbiene beschert hat.

Innerhalb der Nester werden ein oder mehrere Brutzellen angelegt, die nach der Fertigstellung mit jeweils einem befruchteten Ei bestückt werden. Jede Brutzelle wird zu einer Zeitkapsel ausgebaut, deren Funktion lange über den Tod der Mutterbiene hinaus angelegt ist. Dazu gehört zuallererst ein ausgewachsenes Proviantpaket, das aus einer Mischung von Pollen und Nektar besteht. Es ist der Nahrungsvorrat für die gesamte Entwicklung von der Larve bis zum Fluginsekt. Er muss reichen, bis die junge Biene sich nach etwa einem Jahr aus der Brutzelle herausnagt und selber nach Nahrung suchen kann. Doch Nahrung allein reicht nicht. Die Zelle muss einen kompletten Jahreszyklus mit allen Wetterextremen überstehen. Deshalb muss sie sowohl vor Trockenheit wie auch vor zu viel Feuchtigkeit geschützt werden, weil sonst gefährlicher Pilzbefall droht. Dafür haben die verschiedenen Bienenarten unterschiedliche Strategien entwickelt. Dabei werden viele Stoffe aus der natürlichen Umgebung genutzt: Erde, Holzstücke, Pflanzenteile. Zusätzlich kommen körpereigene Sekrete zum Einsatz, um die Zellenwände zu imprägnieren. Ein besonderes Beispiel ist die extrem selten gewordene Mohnbiene. Sie ernährt sich hauptsächlich von Mohnblumen. Aus den Blütenblättern trennt sie kleine Stücke, mit denen sie die Wände der Brutzellen regelrecht tapeziert.

Mit der Fertigstellung wird die Brutzelle verschlossen wie ein Pharaonengrab. Meist schlüpft schon nach wenigen Tagen eine Larve aus dem befruchteten Ei, aber die bekommt die Mutter niemals zu sehen. Jede Biene verbringt den allergrößten Teil ihrer Lebenszeit innerhalb der verschlossenen Brutzelle. Auf ein Menschenleben übertragen würde das bedeuten: nach der Geburt zunächst einmal etwa 70 Jahre in einem zugemauerten Keller verbringen und erst dann zum ersten Mal Tageslicht erblicken.

Der Zeitpunkt, zu dem die Biene ihre Brutzelle verlässt, ist für jede Art genau vorprogrammiert. Da sich Bienen ausschließlich von Blüten ernähren, ist es lebenswichtig genau den Teil des Jahres abzupassen, in dem die von der Art bevorzugte Auswahl an Blüten zur Verfügung steht. Manche Bienenarten sind Generalisten, die alle Blüten anfliegen und nutzen. Etwa ein Drittel der heimischen Bienenarten sind dagegen auf eine Pflanzenfamilie oder sogar auf eine einzelne Pflanzenart spezialisiert. Biologen sprechen hier von oligolektischen Arten. Für Pflanzen sind diese Spezialisten besonders vorteilhaft, weil es ihre Chance auf Bestäubung mit Pollen einer Blüte der eigenen Art erhöht. Auch für die Bienen hat die Spezialisierung Vorteile. Zum Beispiel, um der Konkurrenz aus dem Weg zu gehen. Wenn ein Baum oder eine Gruppe Sträucher erblüht und auf einen Schlag tausende Blüten Nektar und Pollen anbieten, spricht sich das unter Honigbienen aufgrund deren herausragenden Kommunikationssystems sehr schnell herum und sie rücken in Bataillonsstärke zur Ernte an.

Für eine Solitärbiene kann es da effizienter sein, sich auf vereinzelt wachsende Blüten zu konzentrieren. Manche Arten haben im Laufe der Evolution spezielle körperliche Besonderheiten entwickelt, um die Pollen bestimmter Blüten besonders gut abernten zu können.

Je hochgradiger diese Spezialisierung aber ist, desto stärker ist die gegenseitige Abhängigkeit. Verschwindet die Pflanze, stirbt auch die auf sie spezialisierte Bienenart aus. Und umgekehrt. Gerade in Zeiten starker Veränderungen durch den Klimawandel oder anderer zivilisatorischer Belastungen droht hier eine Abwärtsspirale, die wegen der großen Anzahl der Arten oft nicht einmal erkannt wird.

KUCKUCKSBIENEN
NICHTS FÜR NATURROMANTIKER

Die Vorsorge und die Aufzucht von Nachwuchs erfordert bei den meisten Tierarten eine Menge Aufwand. Wie der Kuckuck diesem Aufwand aus dem Weg geht, ist allgemein bekannt: Er legt seine Eier in das Nest einer anderen Art und kümmert sich nicht weiter darum. Funktionieren kann das nur, weil das Kuckuck-Küken mit äußerst aggressiven Instinkten ausgestattet ist und direkt nach dem Schlüpfen damit beginnt, seine „Geschwister" zu bekämpfen und schließlich zu töten.

Weniger bekannt ist, dass das Brutparasitentum unter Bienen sehr viel verbreiteter ist als in der Vogelwelt. Fast jede Solitärbiene hat eine auf sie spezialisierte Kuckucksbienenart, viele auch mehrere. Etwa 20% der in Deutschland lebenden Bienenarten sind Kuckucksbienen. Ihre Vorgehensweise ähnelt der des Vogels: In einem unbeobachteten Moment, kurz vor der Fertigstellung der Brutzelle, dringt die Kuckucksbiene in das Nest ein und legt ein Ei neben das „Original". Die Larve der Kuckucksbiene schlüpft eher und zeigt keinerlei Bereitschaft, die vorhandenen Vorräte zu teilen. Spätestens nach dem Schlüpfen der anderen Larve wird diese getötet, oft wird das Ei schon vorher aufgebrochen und vertilgt.

Kuckucksbienen sind vielfach am Körperbau zu erkennen. Ihnen fehlen spezielle Organe zum Pollentransport und sie sind meist nicht behaart. Kuckucksbienen gehören für ihre Wirtsarten zu den natürlichen Feinden. Da sie aber meist auf ein oder zwei Arten spezialisiert sind, laufen sie ständig Gefahr, zum Opfer des eigenen Erfolgs zu werden. Verschwindet eine Bienenart in einer Region, hat auch die dazugehörige Kuckucksbiene keine Chance.

BIENEN UND ANDERE INSEKTEN
DRAMATISCHER RÜCKGANG

Manchmal erkennt man Veränderungen in der Natur an Orten, wo man es nicht erwartet würde. Zum Beispiel an einer Tankstelle. Ältere Zeitgenossen erinnern sich sehr gut, wie noch vor wenigen Jahrzehnten eine Autofahrt an einem Sommerabend die Windschutzscheibe in kurzer Zeit in einen Insektenfriedhof verwandelte. An Tankstellen wurden Spezialschwämme und Reinigungsmittel bereitgestellt, die vielfach genutzt wurden. Heute sind derartige Einsätze nur noch selten erforderlich.

Niemand vermisst zerschmetterte Mückenleichen im Sichtfeld, aber die Entwicklung ist alarmierend. Die Anzahl der Fluginsekten hat rapide abgenommen. Mitglieder des „Entomologischen Verein Krefeld" haben 2012 eine Studie durchgeführt, die in der Fachwelt große Beachtung gefunden hat. Genau genommen handelte es sich um eine exakte Wiederholung eines Experiments von 1989. Beide Male wurden an zwei Standorten in einem Naturschutzgebiet identische Insektenfallen aufgestellt. Über Monate wurden Insekten gefangen, sortiert und gewogen. 1989 kam eine Gesamtmenge von 1,4 kg Insekten zusammen – 23 Jahre später waren es noch 300 g. An der unmittelbaren Umgebung kann es nicht liegen. An dem Naturschutzgebiet wurde nicht viel verändert, außer einer Bach-Renaturierung, die eigentlich die Bedingungen für Insekten verbessert.

Dieser drastische Rückgang hat die Mitglieder des Vereins wie auch die gesamte Fachwelt schockiert. Zu berücksichtigen ist auch, dass es im Beobachtungszeitraum durchaus Fortschritte im Umweltschutz gegeben hat. Neue Technologien wie Katalysatoren und Rauchgasentschwefelung, strengere Auflagen und ein flächendeckender Rückgang der industriellen Produktion haben zu einer deutlichen Verbesserung der Luft- und Wasserqualität geführt. In anderen Bereichen hat die Natur auch profitiert. Warum gleichzeitig ein Massensterben bei Insekten?

Die Ergebnisse der Krefelder Studie erreichten auch den Deutschen Bundestag. In einem öffentlichen Fachgespräch des Umweltausschusses im Januar 2016 wurde der dramatische Verlust von mehreren Sachverständigen erläutert. Eine detaillierte Ursachenkette konnten die vier geladenen Experten nicht aufzeigen, aber über den Hauptverantwortlichen waren sie sich dennoch einig: die Landwirtschaft. Überdüngung, die Wildkräutern den Garaus machen, der massive Einsatz von Pestiziden, vor allem die gefährlichen Neonicotinoide und die Überhand nehmende Monokultur verwandeln viele Landstriche in regelrechte Wüsten. Während viele Menschen Landleben immer noch mit Natur assoziieren, beobachten Biologen, wie die Artenvielfalt auf dem Land rapide abnimmt während viele Tiere regelrecht in die Städte flüchten. Gärten und Parks bilden eher einen Lebensraum für Wildtiere, als endlose Mais- oder Rapsplantagen.

Für Bienen bedeutet dies, dass allein wegen fehlendem Nahrungsangebot ein Überleben in vielen Regionen unmöglich geworden ist. Rund die Hälfte der in Deutschland vorkommenden Wildbienenarten stehen auf der „Roten Liste" der gefährdeten Arten, etwa 30 davon sind akut vom Aussterben bedroht.

Ein Problem der Wildbienen ist, dass die Bestäubung mit ihrer großen wirtschaftlichen Bedeutung lange hauptsächlich mit den Honigbienen assoziiert wurde. Die Wichtigkeit der Wildbienen (übrigens auch anderer Insekten wie beispielsweise Nachtfalter) für die Botanik wurde dagegen außerhalb enger Fachkreise kaum wahrgenommen.

WAS TUN?

Um Bienen und andere Insekten zu schützen, muss die Landwirtschaft verändert werden – auch im eigenen Interesse, denn sie ist auf Bestäubung angewiesen. Weniger Pestizide, weniger Düngung und eine Neustrukturierung der Landschaft unter Einsatz von Hecken, Blühstreifen und anderen Lebensräumen für wilde Tiere und Pflanzen. Das ist eine dringende Aufgabe für die Politik in den nächsten Jahrzehnten.

Wer über einen Garten oder einen bepflanzten Balkon verfügt, kann aber auch unmittelbar selbst aktiv werden.

Erste Voraussetzung: der Verzicht auf Pestizide und andere Chemikalien. Eigentlich eine Selbstverständlichkeit.

Die zweite und wichtigste Maßnahme ist die Auswahl der Pflanzen. Nicht allein optische Kriterien sollten zur Anwendung kommen, sondern die Frage, ob eine Pflanze reichlich Nahrung zur Verfügung stellt. Gerade bei Exoten und durch Zucht veränderte Pflanzen ist dies oft nicht der Fall. Auch der Blühkalender sollte zum Einsatz kommen, um eine möglichst kontinuierliche Blühphase zu gewährleisten.

Letztlich sollte der Garten eine freundliche Umgebung für den Nestbau bieten. Etwas „Unordnung" wie herumliegendes Totholz und Steine, Bruchsteinmauern und unbefestigte Wegflächen bewirken schon sehr viel. Zusätzlich können noch gekaufte oder selbstgebaute Nisthilfen zum Einsatz gebracht werden.

Mit wenig Aufwand und Kosten kann so eine Oase für Wildbienen entstehen, die auch in die Umgebung ausstrahlt. Aber nicht nur das: man schafft auch für sich selbst den perfekten Beobachtungsposten für ein großartiges Naturphänomen. Ein Schritt vor die Tür und es eröffnet sich der komplexe Mikrokosmos des Zusammenspiels von Bienen und Blüten, an dem man ständig Neues entdecken kann und der dennoch nichts von seiner Faszination verliert.

Dirk Peters

SCHMALLAPPIGE SCHIENENBIENE

Pseudapis diversipes / Männchen

Eine Aufnahme unter schwierigen Bedingungen. Für die kleine Wildbiene hieß es sich gut festzuhalten, um nicht ins Meer geweht zu werden. Denn sie versuchte, bei starkem Wind an einem Stängel mit Blick auf das Meer zu schlafen.

Dieses Foto entstand, während in Nordspanien an der Costa Brava der alljährliche Tramontana Wind wehte.

ZWERGHARZBIENE
Anthidium strigatum
schlafendes Männchen / Paarung

AUFBAU DES BUCHES

Das Buch führt nach Monaten gegliedert durch ein Wildbienenjahr. Die ersten Bienen starten im Februar, die Letzten im August. Jedem Monat ist eine Doppelseite zugeordnet. Hier werden die Wildbienen und Pflanzen aufgelistet, die im anschließenden Kapitel vorgestellt werden.

Nur wenn ein deutlicher Größenunterschied zwischen den Geschlechtern herrscht, wird dieser in der Grafik aufgezeigt. Abgebildet ist die maximale Originalgröße der Tiere, abzüglich der Fühler.

Bedeutung der verwendeten Symbole

- einheimische Pflanzen
- nicht heimische Pflanzen
- Blüten für Pollenspezialisten = oligolektische Wildbienen
- invasive Pflanzen

★ Nektar- und Pollenangebot werden nach einem Sternchensystem angezeigt:

gering	★
mittel	★ ★
hoch	★ ★ ★
sehr hoch	★ ★ ★ ★
nicht bekannt	☆

Rote Liste Bienen *(Hymenoptera: Apidae)*

(Daten der zurzeit aktuellen Roten Liste / Stand Februar 2011)

Kategorie 0	Ausgestorben oder verschollen
Kategorie 1	Vom Aussterben bedroht
Kategorie 2	Stark gefährdet
Kategorie 3	Gefährdet
Kategorie G	Gefährdung unbekannten Ausmaßes
Kategorie R	Extrem selten
Kategorie V	Vorwarnliste
Kategorie *	Ungefährdet
Kategorie D	Daten unzureichend
Kategorie ♦	Nicht bewertet
Kategorie -	Kein etablierter Nachweis

KÖRPERBAU & SINNESORGANE

Ocellen Nebenaugen

Auf dem Scheitel des Kopfes befinden sich drei unbewegliche kleine Punktaugen. Sie dienen der Navigation. Helligkeitsänderungen in den Ocellen können Flugmanöver über ebenem Gelände korrigieren.

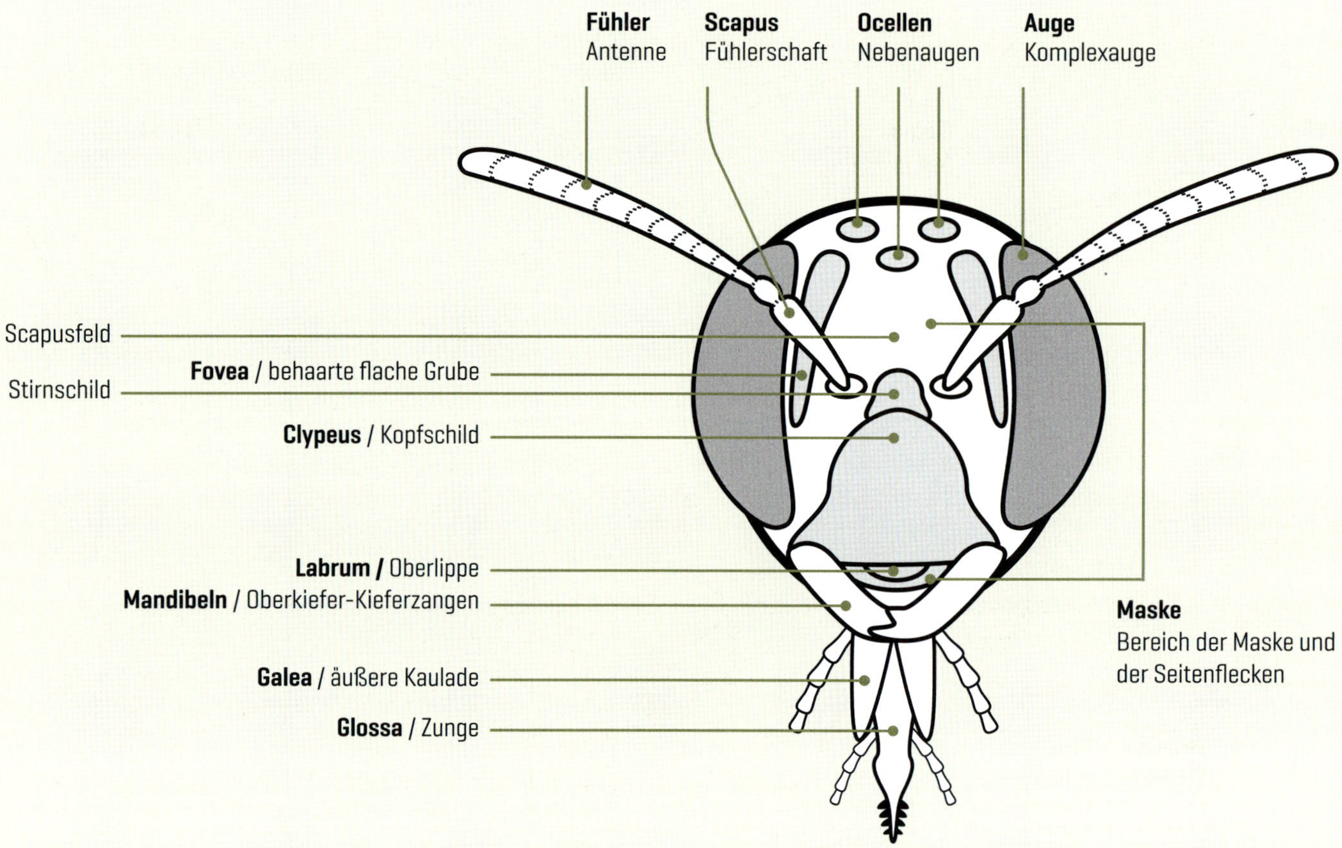

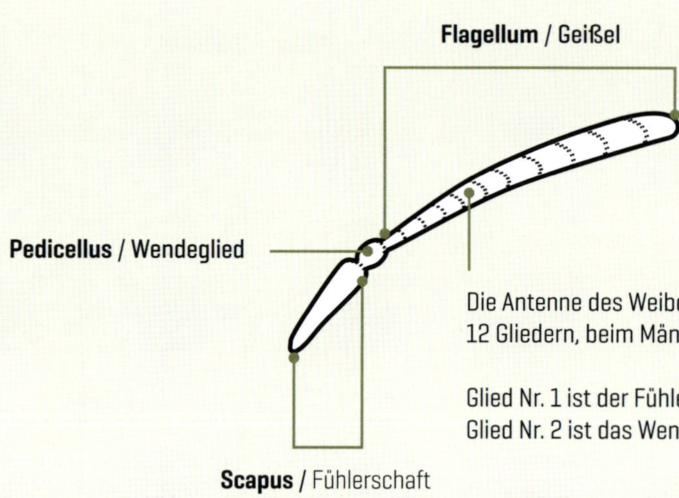

Die Antenne des Weibchens besteht in der Regel aus 12 Gliedern, beim Männchen aus 13 Gliedern.

Glied Nr. 1 ist der Fühlerschaft
Glied Nr. 2 ist das Wendeglied

Oculus compositus **Facetten-Komplexaugen**

Sie bestehen aus bis zu 5.000 kleinen, sechseckig geformten Einzelaugen. Jedes Einzelauge nimmt einzelne Bildpunkte wahr, die das Gehirn zusammensetzt und zu einem Gesamtbild verrechnet. Die Halbkugelform der Augen bewirkt, dass jedes Einzelauge in eine geringfügig andere Richtung blickt.

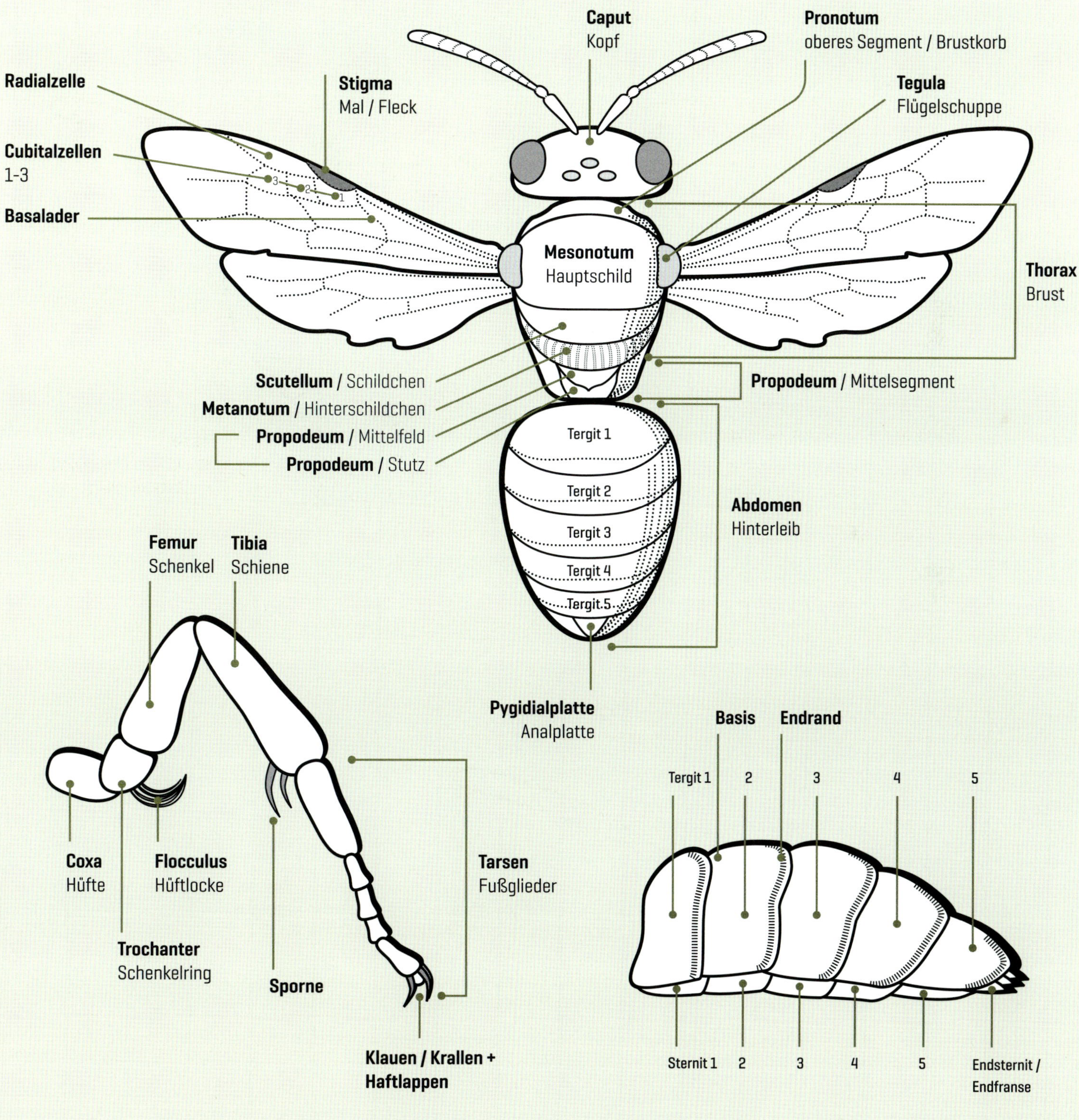

2

FEBRUAR

WILDBIENEN

BLÜHPFLANZEN

Linke Seite:

GEHÖRNTE MAUERBIENE

Osmia cornuta / abgeflogenes, älteres Männchen

Auf der Suche nach einem Weibchen krabbeln paarungswillige Männchen unzählige Male in Nistlöcher. Sie schauen nach jungen Weibchen, um diese unverzüglich nach dem Schlupf zu begatten. Dabei verlieren sie ihren anfangs leuchtend rot und weiß gefärbten Pelz. Ihre Behaarung wird schütter und der schwarze Körper tritt deutlich zum Vorschein.

Im Anflug:

ROSTROTE MAUERBIENE

Osmia bicornis / Männchen

DUNKLE ERDHUMMEL Bombus terrestris

Flugzeit: März-Oktober / Flugzeit Königin: Ende Februar bis Mai / Vorkommen: häufig / ungefährdet
Größe Königin: 20-23 mm / Größe Arbeiterin: 11-17 mm / Größe Drohn: 14-16 mm / Blütenbesuch: unspezialisiert

Zuckerwasser auf einer Blüte angeboten, kann einer Hummelkönigin bei Nahrungsmangel im Frühjahr das Leben retten. Sie retten vermutlich das gesamte, noch zu gründende Volk. Fruchtzucker und Haushaltszucker sind bestens geeignet. Bitte verwenden Sie keinen Honig, dieser könnte Krankheitserreger der Honigbienen übertragen.

Ihr Rüssel ist im Vergleich zu anderen Hummelarten recht kurz. Er hat eine Länge von 8-10 mm.

Hummelköniginnen und Jungköniginnen werden oft von Milben befallen. Da Milben in Hummelnestern leben, werden Königinnen als Transportmittel benutzt, um in neu gegründete Nester zu gelangen. Dort ernähren sie sich saugend von Pilzfäden und nicht von den Körperflüssigkeiten der Hummeln.

Erkennungsmerkmale:

♀ Grundfarbe schwarz / schmaler Kragen, dunkel goldgelb / zweites Hinterleibssegment gelb / Hinterleibsende weiß / nur die Königin ist im Feld an ihren oben genannten Merkmalen zu erkennen

♂ wie das Weibchen / breitere Querbinde am kopfnahen Thorax

Lebensraum:

bevorzugt offenes Gelände, Gärten, Parks, Weg- und Waldränder, Wiesen, Böschungen, Viehweiden, Brachland

Lebensweise:

Erdnester in verlassenen Mäusenestern und Maulwurfbauten, erdnahe Hohlräume, Hummelnistkästen

Kuckuckshummel:

Keusche Schmarotzerhummel *Bombus vestalis*,
Wald-Kuckuckshummel *Bombus sylvestris*

Blütenvorliebe:

keine besondere Vorliebe, sie ist ein Generalist

Volksgröße:

bis zu 600 Tiere bei optimalen Bedingungen

Bombus terrestris ist nicht nur die größte, sondern auch die häufigste unter den Erdhummeln. Und sie bildet die größten Völker. Ihren Sammelflug beginnt sie bereits vor Sonnenaufgang und beendet diesen spät nach Sonnenuntergang, sogar bei schlechtem Wetter. Wer so effektiv als Bestäuber unterwegs ist, bleibt vom Menschen nicht unbemerkt. In Gewächshäusern „arbeitet" sie bereits unter anderem für die Tomaten- und Paprikaernte. Um sie als Nutztiere einzusetzen, werden Erdhummeln kommerziell gezüchtet. In Deutschland ist es gesetzlich verboten, Königinnen oder Hummelvölker der Natur zu entnehmen.

Je nach Wetterlage erscheinen die ersten Königinnen Ende Februar oder Mitte März. Sie überwintern in Erdlöchern oder unter trockenem Laub und beginnen, nachdem sie sich gestärkt haben, die Nestgründung für ein neues Volk. Waren sie erfolgreich, schlüpfen erste Arbeiterinnen von Ende März bis Anfang April.

Königin

Arbeiterin

Landeplatz auf der Purpur-Kratzdistel *Cirsium rivulare 'Atropurpureum'.*

GEHÖRNTE MAUERBIENE *Osmia cornuta*

Flugzeit: **Ende Februar-Anfang Juni** / Vorkommen: **häufig / ungefährdet** / Größe: **♀12-16 mm ♂10-13 mm**
Blütenbesuch: **unspezialisiert**

Dieses Männchen ist unzählige Male in Niströhren gekrochen, um nach paarungswilligen unbegatteten Weibchen zu suchen. Sie verlieren durch den Abrieb ihren Pelz und verändern ihr Aussehen teilweise so sehr, dass sie für eine andere Wildbienenart gehalten werden könnten.

Die Weibchen sind deutlich größer und tragen unverwechselbar gebogene Hörnchen am Kopfschild, daher der Name Gehörnte Mauerbiene.

An dem auffällig weiß behaarten Kopfschild und dem weißen Bart sind die Männchen eindeutig von den Weibchen zu unterscheiden.

Erkennungsmerkmale:
♀ Kopf und Thorax schwarz / Hinterleib rotbraun / zwei gebogene Hörnchen am flachen Kopfschild
♂ Kopf und Thorax schwarz / Hinterleib rotbraun / weißer Bart und weißes Kopfhaar
Lebensraum:
Siedlungsbereiche, Gärten, Parks, Waldränder
Lebensweise:
nistet in vorhandenen Hohlräumen wie Mauerritzen, Felsspalten, Nisthilfen
Kuckucksbiene:
keine Kuckucksbiene
Blütenvorliebe:
Christrose, Zweiblättriger Blaustern, Schneeheide, Krokus, Blaukissen, Veilchen, Japanische Scheinquitte, Kuhschelle, Apfel, Birne und viele weitere früh blühende Blühpflanzen, Sträucher und Bäume

♀

♂

Osmia cornuta fühlt sich im Siedlungsbereich besonders wohl. Hier findet sie in den Gärten und Parks ein reiches Angebot an früh blühenden Pflanzen und Kräutern. Wenn sie Glück hat, gibt es die eine oder andere sonnenbeschienene Hauswand mit Ritzen und Löchern, die sie besiedeln kann. Gibt es diese nicht, sucht sie zum Beispiel Nisthilfen auf, die wir ihr zur Verfügung stellen können. Bereits im späten, milden Februar oder Anfang März beginnt sie ihre Brutzellen anzulegen.

Besiedelte Röhrchen oder Bohrungen enthalten einzelne, hintereinanderliegende Kammern. In ihnen befinden sich je ein Ei und ein Proviantpaket aus Pollen und Nektar für die spätere Larve. Bereits im gleichen Sommer sind die kleinen Larven zu fertigen Bienen herangewachsen. Sie überwintern in völliger Ruhe, um im kommenden Jahr zu schlüpfen. Damit sie den Winter überstehen, ist es wichtig, die Nisthilfe völlig unberührt zu lassen. Die Kälte des Winters sorgt für ihr Überleben.

Wichtig: Specht und Meise haben Nisthilfen als besonders ergiebige Nahrungsquelle ausgemacht. Innerhalb kurzer Zeit können diese geplündert werden. Daher sollten sie mit einem Gitterdraht so geschützt werden, dass die Vögel die mit Larven gefüllten Nester nicht erreichen können.

Paarung auf den Blütenblättern der Orientalischen Nieswurz *Helleborus orientalis*.

Haselnuss

ERSTE SONNENSTRAHLEN LOCKEN BLÜTEN UND FRÜHE BIENEN

Die Tage werden länger, erste Blüten lassen den Frühling erahnen. Den **Kleinen Winterling** stört die noch frostige Kälte nicht. Ist der Winter mild, lässt er sich bereits Ende Januar blicken. Nicht selten durchbrechen die kleinen gelben Blüten die lichte Schneedecke und bilden bei lockerem, nährstoffreichem Boden, bevorzugt am Rande von Laubbäumen, leuchtend gelbe Blütenteppiche. Der blühende Zwerg hat viel zu bieten: Das hohe Pollenangebot spendet den frühen Hummelköniginnen erste, lebenswichtige Nahrung. Denn die ist zu dieser Jahreszeit schwer zu finden.

Den **Frühlings-Krokus** lieben nicht nur Hummeln. Honigbienen und frühe Wildbienen, wie die Gehörnte Mauerbiene, fliegen den Nektar- und Pollen spendenden Krokus gerne an.

Die **Haselnuss** ist ein sehr früh blühender Strauch und gilt als wichtige Pollen- und Honigtauquelle für frühe Wildbienen und Honigbienen. Der Pollen ist reich an Eiweißen und dient Honigbienen als Aufbautracht der Brut.

Das **Hirtentäschel**, unscheinbar und kaum beachtet. Dabei ist das vielseitige Heilkraut ein topp Pollen- und Nektarlieferant, ganze acht Monate lang! Das traut man einer Pflanze, die am Wegrand wächst und als Unkraut wahrgenommen wird, nicht unbedingt zu. Also: Einfach im Garten stehen lassen.

Das **Schneeglöckchen** hingegen bietet nicht sehr viel Nahrung, sollte aber dennoch nicht fehlen. Wenig ist besser als nichts. Hummeln fliegen bei der Suche nach Nahrung auch Schneeglöckchen an.

Huflattich wächst auf den unwirtlichsten Untergründen und wird, wie so viele Wildpflanzen, leider nicht gerne in Gärten geduldet. Dabei ist er mit seinem hohen Pollenangebot eine wichtige Nahrungspflanze im blütenkargen Februar. Schon in der Antike und im Mittelalter galt das Kraut als geschätzte Heilpflanze. 1994 wurde sie zur Heilpflanze des Jahres gekürt.

Helleborus. Kostbare und wunderschöne Frühjahrsblüher. Sie erscheinen je nach Art bereits im Dezember oder Januar. Die kultivierte Christrose wird von Hummeln geliebt. Ebenso wie ihre wild wachsende Verwandte, die **Palmblatt-Schneerose**. Sie ist eine wintergrüne Waldpflanze. Man findet sie in lichten Buchen- und Eichenwäldern, daher sollte sie leicht beschattet in einen kalkhaltig lehmig-humosen Boden gesetzt werden. Hat sie Fuß gefasst, versamt sie sich.

Kleiner Winterling	**Frühlings-Krokus**	**Haselnuss**
Eranthis hyemalis	*Crocus vernus*	*Corylus avellana*
Hahnenfußgewächse	Schwertliliengewächse	Birkengewächse
Februar-März	Februar-April	Februar-April
Sonne / Halbschatten	Sonne / Halbschatten	Sonne
Nektar ★ ★	Nektar ★ ★ ★	Nektar -
Pollen ★ ★ ★	Pollen ★ ★	Pollen ★ ★ ★
		Honigtau

FEBRUAR

BLÜHPFLANZEN

Palmblatt-Schneerose
Helleborus foetidus
Hahnenfußgewächse

Februar-April

Sonne / Halbschatten

Nektar ★ ★ ★
Pollen ★ ★ ★

Hirtentäschel
Capsella bursa-pastoris
Kreuzblütengewächse

Februar-Oktober

Sonne / Halbschatten

Nektar ★ ★ ★
Pollen ★ ★ ★

Schneeglöckchen
Galanthus nivalis
Amaryllisgewächse

Februar-Apri

Sonne / Halbschatten

Nektar ★ ★
Pollen ★ ★

Huflattich
Tussilago farfara
Korbblütengewächse

Februar-April

Sonne / Halbschatten

Nektar ★ ★
Pollen ★ ★ ★

Schwarze Nieswurz
Helleborus niger
Hahnenfußgewächse

Dezember-März

Halbschatten

Nektar ★ ★
Pollen ★ ★ ★

DIE PAARUNG DER GEHÖRNTEN MAUERBIENE ...

ist für die Bienen nicht immer ungefährlich, denn nicht selten sitzen die Pärchen in unmittelbarer Nähe zu ihrem Nistplatz bis zu zwei Stunden fest umklammert am Boden. Das Männchen muss so lange warten, bis das Weibchen bereit ist. In dieser harrenden Situation kann es leicht passieren, dass am Boden sitzende oder als Doppelpack umherlaufende Wildbienen-Pärchen übersehen werden.

Das trifft ebenso auf die Rostrote Mauerbiene zu.

Halten Sie also Ausschau nach unvorsichtigen Pärchen.

3

MÄRZ

WILDBIENEN

BLÜHPFLANZEN

ZWEIFARBIGE SANDBIENE Andrena bicolor

Flugzeit: März-Mai und Juni-August / **Vorkommen:** häufig / ungefährdet / **Größe:** ♀ 8-11 mm ♂ 8-10 mm
Blütenbesuch: unspezialisiert

Weibchen im Krokus.

Sie sammeln Pollen an Pflanzen wie:

Acker-Senf, Acker-Winde, Berg-Sandglöckchen, Blaustern, Blutwurz, Brombeere, Ehrenpreis, Frühlings-Fingerkraut, Glockenblume, Heckenrose, Huflattich, Ferkelkraut, Johanniskraut, Krokus, Lungenkraut, Lichtnelke, Löwenzahn, Milchstern, Pippau, Raps, Ruprechtskraut, Scharbockskraut, Scharfer Hahnenfuß, Schlehe, Schlüsselblume, Weide, Zaunrübe und weitere.

Oben: zwei Männchen
Unten: zwei Weibchen

Großes Foto links: Weibchen am Gewöhnlichen Dost *Origanum vulgare*.

Erkennungsmerkmale:

♀ In der ersten Lebenszeit: rotbraun-rostgelb behaarter Thorax und rostgelbe Beinbürsten (Hinterbein) / schwarz behaartes Gesicht / schwarz behaarte Brustseiten / helle Tergitbinden

♂ Überwiegend schwarz / Brustoberseite schütter braungelb behaart

Lebensraum:
Gärten, Parks, Waldränder, Waldlichtungen

Lebensweise:
Erdnester, auf keine Bodenart spezialisiert

Kuckucksbiene:
Wespenbiene *Nomada fabriciana*

Blütenvorliebe:
ab Juni bevorzugt Glockenblumen (*Campanula*)

Frisch geschlüpft, ist diese zierliche Sandbiene durch ihren auffällig rostrot leuchtenden Pelz der Brustoberseite und dem deutlich abgegrenzten, schwarzen Kopf relativ leicht zu erkennen. Sie trägt eine ebenfalls rostgelb bepelzte Beinbürste. Im Laufe ihres kurzen Lebens verblassen die auffälligen Merkmale.

Die ausgeprägten, pelzigen Beinbürsten ermöglichen der Biene die Speicherung und den Transport der Pollen diverser Blüten, auch hier ist sie nicht wählerisch. Von Juni bis August fliegt sie in zweiter Generation. Befinden sich Glockenblumen in Ihrem Garten, werden Sie diese recht kleine Sandbiene garantiert entdecken.

Ihre ausgesprochen unkomplizierte Lebensweise führt in Europa zu einer flächendeckenden Verbreitung der Art. Sie mag unterschiedlichste Böden für ihren Nestbau und akzeptiert verschiedenste Lebensräume. In Gärten ist sie häufig anzutreffen. Finden die Weibchen unbewachsene lückige Flächen zwischen Stauden oder im Rasen, bauen sie meist einzeln ihre Nester, die bis zu einem Meter tief in das lockere Erdreich ragen können. Regelmäßiges Umgraben, wie es bei vielen Gartenbesitzern üblich ist, zerstört die Nester der Erd- und Sandbienen. Wollen Sie Nistmöglichkeiten schaffen, lassen Sie offene Bodenstellen zu, die nicht mit Mulch abgedeckt sind.

Ein Weibchen krabbelt aus der Blüte einer Nesselblättrigen Glockenblume *Campanula trachelium*.

GRAUE SANDBIENE *Andrena cineraria*

Flugzeit: Mitte März-Ende Mai / **Vorkommen:** häufig / ungefährdet / **Größe:** ♀ 13-15 mm ♂ 10-13 mm
Blütenbesuch: unspezialisiert

Ein Weibchen voller Blütenstaub. Sie sammelt Pollen an den Blüten der Kletterhortensie unseres Gartens. Ein Hotspot für unterschiedlichste Wildbienenarten, Schwebfliegen, Ameisen, Kleinschmetterlinge und Käfer.

Zwei Männchen mit dem typisch weiß behaarten Gesicht.

Erst gegen Abend und bei Regenwetter werden die Nesteingänge geschlossen, so hat eine Kuckucksbiene tagsüber freien Zutritt.

Erkennungsmerkmale:
♀ schwarzer Thorax / deutlich abgegrenzte hellgraue Querbinden / Gesicht schwarz mit leicht weißer Behaarung
♂ überwiegend grau behaart / Gesicht schwarz / deutlich hell behaartes Kopfschild / schwarz behaarte Beine
Lebensraum:
Gärten, trockene Wiesen, Parks, Waldränder, Sand- und Kiesgruben, lichte Wälder
Lebensweise:
Erdnester, auf spärlich bewachsenem Boden, nistet bedingt in größeren Kolonien
Kuckucksbiene:
Wespenbiene *Nomada goodeniana*, Wespenbiene *Nomada lathburiana*
Blütenvorliebe:
keine besondere Vorliebe

Die Graue Sandbiene wird wegen der überwiegend dunklen Behaarung auch als „Grauschwarze Düstersandbiene" bezeichnet. Die hellgrauen Querbinden auf ihrem sonst schwarzen Brustrücken stechen deutlich hervor und umrahmen diesen wie ein weicher Pelzkragen. Der Hinterleib, bei den Weibchen unbehaart, schimmert leicht metallisch.

Für den unterirdischen Nestbau, welcher bis zu 25 cm in die Tiefe reichen kann, benötigt die Graue Sandbiene vegetationsarme, spärlich bewachsene Magerwiesen. Ihre selbstgegrabenen Nester legt sie gerne an sonnenexponierten Standorten in lückigem Rasen oder an schütter bewachsenen Stellen an. Sie nistet häufig in Gärten und Parkanlagen, vorausgesetzt, sie findet dort naturbelassene Bodenflächen und schüttere Stellen im Rasen oder eine Lücke im Beet. Bei idealen Bedingungen können Kolonien von mehreren hundert Tieren entstehen.

In unserem halbschattigen Garten beobachte ich Jahr für Jahr vereinzelte Tiere, die Pollen und Nektar an Löwenzahn, Silberblatt, Nachtviole, Ehrenpreis, Bärlauch, Birne, Apfel, Pflaume und weiteren Pflanzen sammeln. Bei der Wahl der Pflanzenfamilien und der Bodenart ist sie nicht wählerisch.

Ein Weibchen an der Gewöhnlichen Nachtviole
Hesperis matronalis.

FUCHSROTE SANDBIENE *Andrena fulva*

Flugzeit: **März-Mai** / Vorkommen: **häufig** / **ungefährdet** / Größe: **♀ 12-13 mm ♂ 9-12 mm**
Blütenbesuch: **unspezialisiert**

Die Abbildung links zeigt ein Weibchen.

Blütenbesuch: Ahorn, Beberitze, Buchsbaum, Eiche, Gewöhnliche Zwergmispel, Hahnenfuß, Johannisbeere, Kanadische Felsenbirne, Kirsche, Persischer Ehrenpreis, Pfaffenhütchen, Raps, Rübsen, Scharbockskraut, Schlehe, Stachelbeere, Stechpalme, Weide, Wolliger Schneeball, Wildrose und Weißdorn.

Das große Foto dieser Seite und die Abbildung links zeigen Männchen. Diese sind im Gesicht weißlich behaart und besitzen auffallend lange Kieferzangen (Mandibeln).

Erkennungsmerkmale:
♀ Unterseite schwarz behaart / Rücken leuchtend fuchsroter Pelz / Gesicht schwarz / der leuchtend rote Pelz verblasst im Mai zu einer goldigen Färbung
♂ überwiegend braun behaart / Kopf schwarz / Gesicht weißlich behaart / auffällig lange Mandibeln
Lebensraum:
Gärten, Parks, Waldränder, Wälder
Lebensweise:
Erdnester auf spärlich bewachsenem Boden, nistet bedingt in größeren Kolonien
Kuckucksbiene:
Wespenbiene *Nomada signata*
Wespenbiene *Nomada panzeri*
Blütenvorliebe:
besondere Vorliebe für Johannisbeere und Stachelbeere

Der leuchtend fuchsrote Pelz des Weibchens in Kombination mit der pechschwarzen, pelzigen Unterseite und den ebenfalls schwarzen Beinen geben ihr ein auffälliges und unverwechselbares Aussehen. Sie ist eine echte Wildbienen-Schönheit. Obwohl sie die ein oder andere Lieblingspflanze bevorzugt, ist die Fuchsrote Sandbiene ausgesprochen flexibel und vielseitig bei der Wahl ihrer Nahrungspflanzen. Immerhin fliegt sie dreizehn Pflanzenfamilien an. Weil sie so unspezialisiert ist, kommt sie sehr häufig in Gärten vor und gilt daher als weitverbreitete und häufige Art.

Sie liebt naturnahe Gärten und ist auf unbefestigte, löchrige Boden- und Rasenflächen angewiesen. Überlebenswichtig sind daher nährstoffarme Vegetationsflächen wie Trockenwiesen, ungedüngte Bodenflächen und sandige Fugen, wie beispielsweise zwischen Terrassenplatten oder auf gepflasterten Pfaden. Überpflegte, überdüngte Gärten bieten dieser Sandbiene und vielen weiteren Sand- und Erdbienen keinen Lebensraum.

Die zarten, kleinen Männchen tragen auffällig lange Kieferzangen und einen großen basalen Zahn. Im Feld sind sie mit ähnlichen Arten, die ebenfalls lange Mandibeln besitzen, leicht zu verwechseln.

Ein Weibchen an der
Blüte einer Stachelbeere.

ROTFRANSEN-ERDBIENE Andrena haemorrhoa

Flugzeit: März-Juni / **Vorkommen:** häufig / ungefährdet / **Größe:** ♀ 10-12 mm ♂ 8-11 mm
Blütenbesuch: unspezialisiert

Die Abbildung links zeigt ein Männchen.

Blütenbesuch:
Sie besuchen die Blüten aus 15 verschiedenen Pflanzenfamilien.

Hier deutlich zu sehen: die zweifarbige Färbung der Hintereschienen des Weibchens und die gelborange gefärbte Endfranse.

Die große Abbildung links zeigt ein Weibchen.

Erkennungsmerkmale:
♀ Rückenpelz braunorange / Hinterleib wenig behaart / schwarzorange gefärbtes Endtergit / Gesicht hell behaart / Hinterschienen zweifarbig orange und weiß / Brustunterseite hell behaart
♂ Gesicht hellbraun behaart / Thoraxrücken und Brust gelblich behaart / Schienen der Hinterbeine rötlich
Lebensraum:
Wiesen, Gärten, Parks, Waldränder, Sandheiden
Lebensweise:
Erdnester, auf keine Bodenart spezialisiert
Kuckucksbiene:
Wespenbiene *Nomada ruficornis*
Blütenvorliebe:
keine besonderen Vorlieben, nahezu jede Blüte wird angeflogen

Die Rotfransen-Erdbiene ist ausgesprochen anspruchslos, was die Blütenwahl betrifft. Sie mag fast alles, was Pollen oder Nektar bietet. Daher ist sie in Gärten oft anzutreffen und zählt somit nicht zu den gefährdeten Wildbienenarten. Im Gegenteil – sie gilt als eine der häufigsten mitteleuropäischen Sandbienenarten.

Bei der Wahl ihres Lebensraumes ist sie ebenfalls sehr anpassungsfähig. Zum Bau ihrer Erdnester akzeptiert sie unterschiedlichste Lebensräume wie: Brachen, Dünengebiete, Wiesen, Waldränder, Hochwasserdämme, Weinberge, Gärten und Parks. Sie besiedelt sandige und lehmige Böden, manchmal in kleinen Kolonien.

Durch den leuchtend braunorangen Rückenpelz, die orange gefärbte Endfranse und den glänzend schwarzen Hinterleib ist das Weibchen unverwechselbar. Die kleineren Männchen hingegen sind im Feld nicht von ähnlichen Andrena-Arten zu unterscheiden.

Um paarungswillige Weibchen anzulocken, warten Männchen an ihren zuvor hinterlassenen Duftmarken. Diese Marken setzen sie auf die Nahrungspflanzen, die bevorzugt von den Weibchen angeflogen werden.

Ein Weibchen am Weißen Senf *Sinapis alba*, mit deutlich abgeflogenen Flügeln.

Im Anflug an die Blüte rechts oben ist die Gewöhnliche Löcherbiene *Heriades truncorum* zu sehen.

FRÜHLINGS-PELZBIENE *Anthophora plumipes*

Flugzeit: **März-Juni** / Vorkommen: **häufig / ungefährdet** / Größe: **14-15 mm**
Blütenbesuch: **unspezialisiert**

Die beiden Abbildungen links zeigen Weibchen in den beiden Farbvarianten.

Oben: schwarzbraune Behaarung, rostrote Beinbürste.

Unten: graubraune Behaarung, rostrote Beinbürste, schwach angedeutete beige Hinterleibsbinden.

Das große Foto links zeigt ein Männchen, hier ist das hellgelb gezeichnete Gesicht schön zu sehen.

Erkennungsmerkmale:
♀ zwei Farbvarianten:
graubraune Behaarung / rostrote Beinbürste / schwach angedeutete beige Hinterleibsbinden
oder schwarzbraune Behaarung / rostrote Beinbürste
♂ auffällig lange Haarfransen an den mittleren Beinpaaren / hummelähnlich / pelzig behaart
Lebensraum:
Steilwände, Abbruchkanten, lehmverfugte Mauern, Sandgruben, Trockenmauern
Lebensweise:
nistet in vorhandenen Hohlräumen, Mauerritzen, Felsspalten, Nisthilfen
Kuckucksinsekten:
Trauerbiene *Melecta albifrons*
Pelzbienen-Ölkäfer *Sitaris muralis*
Blütenvorliebe:
Blaukissen, Borretsch, Primeln, Beinwell, Lungenkraut, Lerchensporn, Kriechender Günsel, Gundermann

Es ist eine echte Herausforderung, diese Pelzbienenart zu fotografieren, denn sie verweilt nur ein bis zwei Sekunden an einer Blüte. Da sie über Wochen die immer gleichen Strecken abfliegt, kann man sie an den immer gleichen Pflanzen wiederfinden, die sie etwa jede Viertelstunde besucht. Dabei ist zu beobachten, dass die Flugrichtung der Männchen nicht geändert wird. Sie fliegt entweder fortwährend im oder gegen den Uhrzeigersinn.

Der laute Summton während des rasant schnellen Fluges – sie fliegt ohne Unterbrechung, teils in Schwebehaltung von Blüte zu Blüte – ist typisch für diese Gattung. Da sie in unserem Garten bevorzugt Lungenkraut, Lerchensporn oder die Traubenhyazinthe anfliegt, warte ich manchmal stundenlang an diesen Pflanzen, um sie erfolgreich zu fotografieren. Sobald ich den typischen Summton höre, halte ich den Finger bereits auf dem Auslöser bereit, um ein scharfes Foto zu bekommen.

Das Männchen könnte wegen des pelzigen Körpers mit einer Hummel verwechselt werden. Mit etwas Glück und Geduld entdecken Sie vielleicht die typischen Beinfransen an den vorderen Beinpaaren, die das Männchen unverwechselbar machen. Die auffällig hell gefärbte Gesichtsmaske des Männchens verrät jedoch sogleich, dass es sich nicht um eine Hummel handeln kann.

Die Männchen legen zwischendurch immer mal wieder eine Flugpause auf einem Blatt ein. Manchmal benötigt man etwas Glück für ein gelungenes Foto einer Pelzbiene, meist jedoch Ausdauer und Geduld.

Wenn Sie längere Zeit im Beet verweilen, gewöhnen sich die Tiere an Ihre Anwesenheit und verlieren ihren Fluchtinstinkt.

WESTLICHE HONIGBIENE *Apis mellifera*

Flugzeit: März-Oktober / **Vorkommen:** häufig / ungefährdet / **Blütenbesuch:** unspezialisiert
Größe Königin: 15-18 mm / **Größe Arbeiterin:** 11-13 mm / **Größe Drohn:** 13-16 mm

Die Königin umringt von ihrem Hofstaat. Sie hebt sich durch einen deutlich längeren Hinterleib von den Arbeiterinnen und Männchen ab.

Männchen / Drohn

Der Drohn stirbt unmittelbar nach der Paarung. Zuvor hatte er jedoch einige Wochen Zeit in Gesellschaft seiner Artgenossen nach einer Jungkönigin Ausschau zu halten.

Erkennungsmerkmale:
♀ einheitlich braunschwarz gefärbt mit hellen oder rötlichen Filzbinden am Hinterleib / Hinterschienen mit „Körbchen" an der Außenseite und „Bürstchen" zur Pollensammlung / Brust behaart / Torso leicht mit Pelz bedeckt / Augen von hellen Härchen umrandet
♂ auffallend große, dunkle Komplexaugen, die sich am Scheitel berühren
Lebensraum:
Baumhöhlen, Felshöhlen, Nistkästen (Beuten)
Lebensweise:
hoch eusoziale Lebensweise, ein Staat besteht aus einer Königin, bis zu 50.000 Arbeiterinnen und mehreren hundert Männchen
Blütenvorliebe:
keine Vorlieben, sie ist ein Generalist

Arbeiterin

Königin

Drohn

Als der Mensch vor Jahrtausenden die erste Süßigkeit der Menschheit entdeckte, konnte er nicht widerstehen. „Honigjäger" sammelten von nun an das „Süße Gold" – die „Speise der Götter". Die Honigbiene wurde vergöttert und verehrt. Kein Wunder, dass wir bei Biene zunächst an die Honigbiene und nicht an die Wildbiene denken.

Die heutige Honigbiene ist ein Nutztier. Sie ist die einzige in Mitteleuropa vorkommende, hoch eusoziale Bienenart. Ohne ihr Volk wäre eine einzelne Biene nicht überlebensfähig. Die echte Wildform der „Dunklen Europäischen Honigbiene" (*Apis mellifera mellifera*) ist in Deutschland erloschen, kommt aber noch an der Peripherie Europas vor, etwa in Cornwall und auf schottischen Inseln.

Die Honigbienen-Königin, sie kann bis zu 1.500 Eier am Tag legen und etwa fünf Jahre alt werden, wird von den Arbeiterinnen gefüttert und beschützt. Zur Lenkung des Bienenstaates erzeugt sie sogenannte Pheromone, Duft- und Geschmacksstoffe, die nicht nur Drohnen anlocken sollen, sondern auch für den Zusammenhalt des Volkes sorgen. Außerdem unterdrücken Pheromone die Entwicklung der Eierstöcke der Arbeiterinnen. Die Aufgaben der Arbeiterinnen sind vielfältig. Sie putzen die Zellen, versorgen als Ammenbienen die Larven, bauen die Waben, erfüllen Reinigungs- und Reparaturarbeiten, bewachen das Flugloch und dürfen zu guter Letzt, wenn sie ein gewisses Alter erreicht haben, ausfliegen, um Nektar, Pollen, Honigtau und Wasser zu sammeln.

Eine Honigbiene in Gesellschaft einer Maskenbiene

Eine einzelne Honigbiene fliegt pro Tag etwa 40 Mal aus, dabei besucht sie pro Ausflug ca. 100 Blüten. Das bedeutet, dass eine Honigbiene 4000 Blüten täglich aufsucht, um Pollen und Nektar zu sammeln. Für nur ein Kilo Honig muss ein Bienenvolk 900.000 bis 6 Millionen Blüten besuchen.

Zur Hochsaison im Frühsommer kann ein Honigbienenvolk der in Mitteleuropa gehaltenen Hochzuchtrassen bis zu 40.000 Bienen hervorbringen.

Eine wissenschaftliche Studie aus Großbritannien besagt, dass 7.5 Bienenstöcke pro Quadratkilometer einen geeigneten Grenzwert für eine nachhaltige Bienendichte darstellt.*

** Quelle: idw - Informationsdienst Wissenschaft, 14.02.2022 https://idw-online.de/de/news788323*

STEINHUMMEL Bombus lapidarius

Flugzeit: März-September / Flugzeit Königin: März-Mai / Vorkommen: häufig / ungefährdet
Größe Königin: 20-22mm / Größe Arbeiterin: 12-16mm / Größe Drohn: 14-16mm / Blütenbesuch: unspezialisiert

Das Männchen ist wie das Weibchen am Körperende rotbraun gefärbt. Es trägt ein gelbes Halsband und gelbe Haare auf dem Kopf, wie es auf den beiden Fotos links sehr schön zu sehen ist.

Die große Aufnahme links zeigt ein Weibchen in einer Kornblume.

Erkennungsmerkmale:
♀ schwarz / Körperende Tergit 4-6 rotbraun
♂ schwarz / Körperende rotbraun / gelbes Halsband / gelbe Haare auf dem Kopf
Lebensraum:
Gärten, Magerwiesen, Straßenränder, Parks, Waldränder
Lebensweise:
ober- wie unterirdische Nistweise in Höhlen, verlassenen Mauselöchern, Vogelhäusern, unter Steinhaufen, unter Holzstapeln
Kuckuckshummel:
Felsen-Kuckuckshummel *Psithyrus rupestris*
Blütenvorliebe:
nicht wählerisch, Wildpflanzen, Kräuter, Kulturpflanzen
Volksgröße:
100-300 Tiere

Königin

Arbeiterin

Das Steinhummel-Weibchen ist farblich auf schwarz und rotbraun reduziert und vermeintlich leicht zu bestimmen. Allerdings gibt es Hummelarten, die ihr zum Verwechseln ähnlich sehen. Diese kommen jedoch viel seltener vor als die Steinhummel. Das Männchen trägt zu dem schwarzen und rotbraunen Pelz zusätzlich ein gelbes Halsband und einige gelb gefärbte Haarbüschel im Gesicht.

Ihr Name bezieht sich auf die Wahl der Nistplätze, denn diese legt sie gerne unter Steinhaufen an. „Lapidarius" bedeutet im Lateinischen „steinig". Sie nutzt jedoch auch verlassene Mauselöcher, Vogelnester und eventuell sogar Hummelkästen. Möchten Sie diese hübsche Hummelart in Ihrem Garten auf natürliche Weise fördern, lohnt es sich, einen Steinhaufen anzulegen. Legt sie ein Nest an, welches ausreichend Platz bietet, kann dieses bis zu 300 Tiere beherbergen. Die Tiere gelten als friedfertig, sie sind nicht angriffslustig.

Die Steinhummel fliegt ab einer Temperatur von 10°C und beginnt ihren Flug ca. zwei bis drei Stunden nach Sonnenaufgang. Etwas früher als einige andere Hummelarten beendet sie ihren Sammelflug am Abend etwa gegen 18 Uhr.

Ein Weibchen auf der Blüte des Roten Fingerkrautes
Potentilla atrosanguinea.

ACKERHUMMEL Bombus pascuorum

Flugzeit: März-November / Flugzeit Königin: März-Mai / Vorkommen: häufig / ungefährdet
Größe Königin: 15-18 mm / Größe Arbeiterin: 9-15 mm / Größe Drohn: 12-14 mm / Blütenbesuch: unspezialisiert

Der Blick in eine Blüte. Ob die Zunge lang genug ist? Bei dieser Blüte vermutlich nicht, obwohl die Ackerhummel zu den Hummelarten gehört, die mit einen langen Saugrüssel ausgestattet sind.

Die friedfertige Ackerhummel lässt sich sogar dann nicht stören, wenn wie hier ein kurzer Blick unter die Moosschicht auf das ungeschützte Nest gerichtet wird.

Jungköniginnen verstecken sich im Herbst etwa 15 cm tief im Boden, um dort zu überwintern. Das kann ein Versteck unter einer Moosschicht, unter Totholz oder einer Streuschicht sein.

Erkennungsmerkmale:
♀♂ Weibchen wie Männchen sind variabel gefärbt / Thorax Oberseite braunrot bis gelblich / Abdomen graugelb bis braunrot gefärbt / Hinterleib Tergiten beginnend grauschwarz / Endtergiten braunrot bis gelblich
Lebensraum:
Gärten, Parks, Wälder, Wiesen
Lebensweise:
Nester in Mäusegängen, Vogelnistkästen, Komposthaufen, Nisthilfen, auch oberirdisch in weichem Moos oder unter Laubhaufen
Kuckuckshummel:
Feld-Kuckuckshummel *Psithyrus campestris*
Blütenvorliebe:
nicht wählerisch, Wildpflanzen, Kräuter, Kulturpflanzen
Volksgröße:
60-150 Tiere

Königin

Arbeiterin

Die Ackerhummelkönigin erscheint je nach Witterung und Höhenlage bereits Ende März oder Anfang April. Sie gehört zu den häufigsten Hummelarten. Etwa vier Wochen nach der Nestgründung schlüpfen die ersten Arbeiterinnen. Sie hat den längsten Entwicklungszyklus aller Hummelarten, da sie je nach Nahrungsangebot bis in den November hinein unterwegs ist. Als „Kurzstreckenflieger" entfernt sie sich nie zu weit von ihrem Nest, um Pollen und Nektar zu sammeln.

Bei der Wahl von Nahrung und einem geeigneten Zuhause ist sie nicht wählerisch und fühlt sich, als Nestbauer und Nestbezieher, fast überall wohl. Ihre Nester liegen unter Moospolstern, unter überhängenden Krautschichten, in verlassenen Baumhöhlennestern oder sogar in vorgefertigten Hummelkästen. Ackerhummeln sind dafür bekannt, dass sie gerne in vorgefertigte Behausungen einziehen. Daher bietet sich ein Hummelkasten im Garten als Nistmöglichkeit an.

Sie wird als „Pocketmaker" bezeichnet, denn sie legt im Nest kleine pollengefüllte Taschen an. So können die Larven sich selbst bedienen und müssen nicht gefüttert werden.

Ein Weibchen hebt ihr Bein, das bedeutet so viel wie: lass mich in Ruhe. Es ist eine Geste der allgemeinen Abwehr. Diese zeigen Hummeln beispielsweise auch dann, wenn sie es sich auf einer Blüte bequem gemacht haben, um eine Pause einzulegen. Werden sie von uns Menschen oder einem anderen Insekt dabei gestört, heben sie ein Beinchen.

Hummeln legen regelmäßig Pausen ein, in denen sie sich nicht rühren. Wenn Sie eine reglose Hummel beobachten, bedeutet es nicht, dass sie kränkelt oder erschöpft ist. Hebt sie ihr Bein, will sie vielleicht einfach nur ungestört sein.

WIESENHUMMEL Bombus pratorum

Flugzeit: Ende März-August / Flugzeit Königin: Anfang März-April / Vorkommen: häufig / ungefährdet
Größe Königin: 15-17 mm / Größe Arbeiterin: 9-14 mm / Größe Drohn: 11-13 mm / Blütenbesuch: unspezialisiert

Die beiden Fotos links zeigen jeweils ein Männchen auf der Blüte einer Bach-Kratzdistel *Cirsium rivulare* und an den Blüten des Echten Herzgespanns *Leonurus cardiaca*.

Das große Foto links zeigt ein Weibchen am Braunen Storchschnabel *Geranium phaeum*.

Erkennungsmerkmale:

♀ Körper schwarz behaart / zwei gelbe Querbinden: gelber Kragen und 2. Hinterleibssegment / die Querbinden fallen sehr unterschiedlich aus und können sogar fehlen / Abdomen orange / auffällig bunt und zottelig

♂ sehr breiter gelber Kragen / gelbe Binde um den Thorax herum / gelber Haarbüschel im Gesicht / Tergite 5-6 rotorange

Lebensraum:
Wiesen, Gärten, Parks, lichte Wälder

Lebensweise:
Nestbau oberirdisch in Grasbüscheln oder Moospolstern, in verlassenen Nestern, im Gebüsch, in Hecken, in Mauerspalten, in hohlen Bäumen, in Hummelnistkästen

Kuckuckshummel:
Wald-Kuckuckshummel *Bombus sylvestris*

Blütenvorliebe:
keine besondere Vorliebe

Volksgröße:
50-120 Tiere

Im frühen März starten nestsuchende Hummelköniginnen ihre ersten Flüge. Auf der Suche nach einem geeigneten Nest fliegen die recht kleinen Wiesenhummeln bereits bei Temperaturen von nur 5°C. Selbst Schneefall oder Kältewerte um die 0°C hindern eine Hummelkönigin nicht daran, auf Nahrungssuche zu gehen. Hat sie die ersten Eier gelegt, erwärmt sie diese, indem sie sich auf die Brut setzt und durch Muskelzittern Wärme erzeugt. Ab April erscheinen die ersten Arbeiterinnen und übernehmen die Brutpflege. Noch vor Sonnenaufgang starten sie ihre Sammelflüge. Diese beenden sie erst bei Einbruch der Abenddämmerung.

Die Wiesenhummel wird als „Pollenstorer" also als „Blütenstaubaufbewahrer" bezeichnet. Neben dem Nektar wird auch Pollen als Proviant in nicht mehr benötigten Brutzellen-Tönnchen gelagert.

Eine recht kleine, auffällig bunte, sehr häufig anzutreffende und, wie ich finde, sehr hübsche Hummel.

Königin

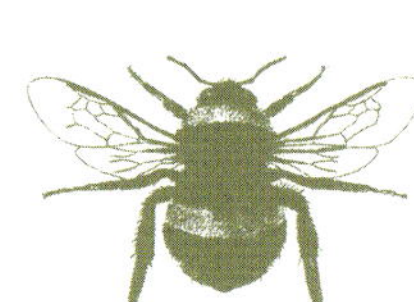

Arbeiterin

Ein Weibchen in der Berg-Flockenblume
Centaurea montana.

GEWÖHNLICHE SCHMALBIENE *Lasioglossum calceatum*

Flugzeit: **März-Oktober** / Vorkommen: **häufig** / **ungefährdet** / Größe: **8-10 mm**
Blütenbesuch: **unspezialisiert**

Die Männchen tragen drei rote Tergite mit seitlich dunklen Flecken auf dem Abdomen. Die Clypeusspitze am unteren Kopfschild ist gelb gefärbt, das Gesicht hell behaart.

Das große Foto links und das kleinere Foto links oben zeigen jeweils Männchen.

Die Weibchen suchen zum Pollensammeln 19 Pflanzenfamilien auf. Die Gewöhnliche Schmalbiene kommt zudem mit unterschiedlichsten Lebensräumen zurecht. Daher gilt sie als Ubiquist mit besten Überlebenschancen.

Erkennungsmerkmale:

♀ Kopf und Thorax schwarzbraun / Hinterleib schwarz mit hellen Binden / wirkt größer als das Männchen, da nicht so schlank

♂ Hinterleib mit rotgefärbten Tergiten und seitlich weißen Punkten / schlanker Körper / teilweise weißgelbe Beinfärbung / Clypeusspitze (unteres Kopfschild) gelb

Lebensraum:
Gärten, Parks, Waldränder, Auwälder, alpine Gebiete

Lebensweise:
primitiv-eusozial, selbstgegrabene Nester mit zwei Bruten oder auch polygyne Nestbildung, kleine Völker mit bis zu 50 Brutzellen

Kuckucksbiene:
Blutbiene *Sphecodes monilicornis*

Blütenvorliebe:
da nicht spezialisiert, keine besondere Vorliebe, 19 Pflanzenfamilien werden angeflogen

Die mit nur 8-10 mm Körpergröße kleine Wildbiene ist recht häufig in unseren Gärten zu finden. Sie ist eine der häufigsten ihrer Gattung und kann von ähnlichen Halictus-Arten nur schwer unterschieden werden.

Ein überwintertes Weibchen gründet das Nest und zeugt die Nachkommen, welche aus Arbeiterinnen oder Hilfsweibchen und zu einem geringeren Teil aus Männchen bestehen. Die Männchen schlüpfen nach den Weibchen.

Die Aufgaben der Brutpflege und die der Nahrungsbeschaffung werden gemeinsam übernommen, es entsteht eine kooperative Arbeitsteilung. Trockenwarme als auch feuchtkühle Standorte werden gleichermaßen für die Nestgründung angenommen. In unseren Gärten suchen sie zumeist vegetationsarme Flächen auf.

Vor der Nachtruhe verarbeitet dieses Männchen gesammelte Nektarflüssigkeit.

Die Männchen fliegen von Anfang Juli bis spät in den Oktober hinein und sind an unterschiedlichsten Blüten zu beobachten.

Ein Männchen bei der Nahrungsaufnahme auf einer Raublatt-Aster *Symphyotrichum novae-angliae*.

GELBBINDIGE FURCHENBIENE *Halictus scabiosae*

Flugzeit: März-Oktober / **Vorkommen:** häufig / ungefährdet / **Größe:** 12-14 mm
Blütenbesuch: unspezialisiert

Die Aufnahmen dieses Männchens entstanden im späten September. Die sonst ockergelb gefärbten Tergitbinden sind ausgeblichen. An den dunkel gefärbten Fühlern ist es von *Halictus sexcinctus* zu unterscheiden.

Das große Foto links und das kleine Foto links unten zeigen Weibchen auf Korbblütlern wie die Bach-Kratzdistel und die Schwarze Flockenblume.

Erkennungsmerkmale:

♀ Kopf und Thorax schwarz, ockergelb behaart / Hinterleib Tergite 1-4 ockergelbe Endbinden / Tergite 2-3 deutliche Basalbinden / breiter Kopf

♂ Kopf und Thorax schwarz, ockergelb behaart / Hinterleib Tergite 1-6 helle Endbinden / Tergite 2-3 Basalbinden / gelb geringelter Scapus (Fühlerschaft) / Fühlerende hakenartig / Clypeusspitze (unteres Kopfschild) gelb

Lebensraum:
warme trockene Standorte, vegetationsarme Flächen, sonnige Waldsäume, Gärten, Sand- und Lehmgruben

Lebensweise:
selbstgegrabene primitiv-eusoziale Nester, teilweise in größeren Kolonien

Kuckucksbiene:
unbekannt

Blütenvorliebe:
Kardengewächse, Korbblütler, Windengewächse

Neben der *Halictus quadricinctus* (15-16 mm) und der *Halictus sexcinctus* (14-15 mm) zählt sie zu den größeren heimischen Halictus-Arten. Das Männchen ähnelt sehr der *Halictus sexcinctus*, diese Art hat allerdings gelblich weiß gefärbte Endbinden auf dem Hinterleib. Ein weiteres deutliches Unterscheidungsmerkmal sind die durchgehend dunkelbraun gefärbten Fühler der Männchen. *Halictus sexcinctus* Männchen besitzen überwiegend gelblich bis rostrot gefärbte Fühler mit dunklen Fühlerenden.

Vegetationsarme Flächen bieten ihr geeignete Nistmöglichkeiten, wie es bei so vielen Wildbienenarten der Fall ist. Sandige, locker lehmige Böden in ebenen oder auch geneigten Flächen bieten beste Bedingungen für den Nestbau. Sind die Voraussetzungen gut, kann es zu größeren Ansammlungen kommen.

Weibchen

Männchen

Hinterleib des Weibchens

Ein schlafendes Weibchen an der Blüte einer Wilden Möhre *Daucus carota*.

Das Foto entstand am 30. August um 19:32 Uhr. Zeit, die Nachtruhe einzuleiten. Bislang konnte ich nur wenige weibliche Wildbienen schlafend an Blüten außerhalb ihrer Nistplätze beobachten.

DUNKELGRÜNE SCHMALBIENE *Lasioglossum morio*

Flugzeit: März-Oktober / **Vorkommen:** häufig / ungefährdet / **Größe:** 5-6 mm
Blütenbesuch: unspezialisiert

Blütenbesuch: Acker-Winde, Apfel, Berg-Sandrapunzel, Blutweiderich, Fingerhut, Fingerkraut, Gänseblümchen, Gewöhnlicher Natternkopf, Glockenblume, Hahnenfuß, Kleines Habichtskraut, Kohl, Küchenschelle, Lauch, Löwenzahn, Margerite, Raps, Schwarze Teufelskralle, Silberkraut, Storchschnabel, Tag-Lichtnelke, Thymian, Tüpfel-Johanniskraut.

Foto links: Ein Männchen im Blut-Storchschnabel. Alle weiteren Fotos zeigen Weibchen.

Erkennungsmerkmale:

♀ Kopf und Körper dunkel metallisch grün schimmernd / spärlich behaart / Gesicht rundlich bis länglich / helle Binden auf dem Hinterleib

♂ ähnlich dem Weibchen / längere Fühler / Gesicht rundlich mit vorgestrecktem schmalem Clypeus

Lebensraum:
überall verbreitet, trockenwarme Standorte ebenso wie feuchtkühle Auwaldlichtungen, Siedlungsbereiche, Gärten

Lebensweise:
eusozial, selbstgegrabene Nester

Kuckucksbiene:
Blutbiene *Sphecodes miniatus*,
Blutbiene *Sphecodes niger*

Blütenvorliebe:
9 Pflanzenfamilien: Blutweiderichgewächse, Glockenblumengewächse, Hahnenfußgewächse, Korbblütler, Kreuzblütler, Nelkengewächse, Raublattgewächse, Rosengewächse, Windengewächse

Die kleine Dunkelgrüne Schmalbiene kann leicht mit einigen anderen Schmalbienen-Arten verwechselt werden, die ebenfalls grün schimmern. Ihre Bestimmung ist also alles andere als einfach.

Man findet sie in größeren Ansammlungen in unterschiedlichsten Lebensräumen. Ihre Nester legt sie in Mörtelfugen und Mauerritzen, aber auch in schütter bewachsenen Bodenflächen an. Hier gräbt sie in der Regel einen bis zu 20 cm langen Gang mit kurzen Seitengängen für etwa 10-18 Brutzellen.

Arbeiterinnen bilden die erste Brut. Die begatteten Weibchen der zweiten Brut überwintern in ihrem Geburtsnest und starten ihre ersten Flüge im kommenden Jahr, je nach Witterung, bereits im März.

Das Gesicht des Weibchens ist rundlich bis länglich.

Der spärlich behaarte Hinterleib des Weibchens mit der Längsfurche.

Ein ruhendes Weibchen an der Blüte der Nesselblättrigen Glockenblume *Campanula trachelium* im schattigen Bereich unseres Gartens.

WEIDEN-SANDBIENE Andrena vaga

Flugzeit: März-Mai / Vorkommen: mäßig häufig / ungefährdet / Größe: 13-15 mm
Blütenbesuch: streng spezialisiert

Links ist ein Männchen abgebildet. Die Behaarung ist vorwiegend grauweiß, im Gesicht trägt es einen deutlich sichtbaren weißen Bart.

Die große Fotografie links zeigt den Versuch einer Begattung. Mehrere Männchen stürzen sich auf ein Weibchen, es entsteht ein Wildbienenknäuel, der sich innerhalb kürzester Zeit wieder auflöst.

Kopf und Thorax der Weibchen sind weißlich grau behaart. Vollbepackt mit dem Pollen der Weide ist sie auf dem Weg in ihr Nest, welches sich im vegetationsarmen Boden befindet.

Erkennungsmerkmale:
♀ überwiegend weiß behaart / Rücken (*Mesonotum*) grau behaart / Beine schwarzbraun behaart / Endfranse und Schienenbürste schwarzbraun / Tergite schwarz glänzend
♂ überwiegend weiß behaart / weißer Bart / Gesicht seitlich und oben schwarz
Lebensraum:
Sand-, Kies- & Lehmgruben, Flußauen, Dämme, Siedlungsbereiche mit Weidenbestand
Lebensweise:
selbstgegrabene Nester, kleine bis große Kolonien
Kuckucksbiene:
Wespenbiene *Nomada lathburiana*, evtl. auch *Sphecodes gibbus*
Blütenvorliebe:
streng spezialisiert auf *Salix* (Weide) (streng oligolektisch)

Sobald die Weidenblüte Anfang März beginnt, schlüpfen erste Weiden-Sandbienen um ihre Sammelflüge zu starten. *Andrena vaga* gehört zu den streng spezialisierten Wildbienenarten. Bei der Suche nach Pollen fliegt sie ausschließlich Weiden an. Transportiert wird der Pollen mithilfe der Sammeleinrichtungen an den Hinterbeinen, denn sie ist eine typische Beinsammlerin.

Ihre Nester gräbt sie an vegetationsarmen Bodenflächen in sandiger, lockerer Erde in ebenen und geneigten Böden. Die Größe einer Kolonie ist variabel. Sie kann mit nur 10 - 20 Weibchen sehr klein sein, bei guten Bedingungen kann eine Kolonie erstaunlich groß werden und mehrere tausend Tiere betragen.

Die Weibchen der sehr ähnlichen *Andrena cineraria* tragen eine schwarze Querbinde auf dem grau behaarten Thorax und sind aufgrund dieses Merkmals gut von *Andrena vaga* zu unterscheiden.

Ein Weibchen baut ein Nest in den lockeren, sandigen Boden. Beim Buddeln staubt sie sich so sehr ein, so dass danach eine ordentliche Körperpflege von Nöten ist, bevor sie weiterfliegen kann.

Ein Weibchen an den Blüten einer Weide beim Sammeln des Pollen.

ROSTROTE MAUERBIENE *Osmia bicornis*

Flugzeit: März-Juni / **Vorkommen:** häufig / ungefährdet / **Größe:** ♀ 8-13 mm ♂ 8-11 mm
Blütenbesuch: unspezialisiert

Die Paarung der Rostroten Mauerbiene. Das Weibchen ist deutlich größer als das Männchen.

Die große Abbildung links zeigt ein Männchen.

Ein Weibchen an den Blüten der Katzenminze *Nepeta cataria*.

Sollte ein Weibchen versuchen, beispielsweise in einem Regal ihrer Wohnung die Bohrungen als Nistmöglichkeit zu nutzen, versuchen Sie dies zu verhindern. Die Wärme in Wohnräumen würde zu einem vorzeitigen Schlupf im Winter führen, die geschlüpfte Brut würde verhungern.

Erkennungsmerkmale:
♀ Kopf braunschwarz behaart, zwei gebogene Hörnchen am flachen Kopfschild wie *Osmia cornuta* / Thorax sandfarben behaart / Hinterleibsegmente 1-3 rostrot, Segmente 4-6 braunschwarz
♂ Kopfunterseite und Thoraxunterseite weißlich behaart / Gesicht mit weißem Bart / längere Fühler / Körperbau insgesamt schmaler
Lebensraum:
Siedlungsbereiche, Gärten, Parks, Waldränder
Lebensweise:
nistet in vorhandenen Hohlräumen aller Art, Mauerritzen, Felsspalten, Nisthilfen
Kuckucksbiene:
Keine Kuckucksbiene, aber Taufliege *Cacoxenus indagator*
Blütenvorliebe:
keine besonderen Vorlieben, sie nutzt Pollenquellen aus 19 Pflanzenfamilien

♀

♂

Osmia bicornis ist ausgesprochen flexibel, was ihre Blütenwahl betrifft. Sie besucht Pollenquellen, die bei anderen Wildbienen kaum Beachtung finden. Dazu gehören Eiche, Buche und Wegericharten.

Ihre außergewöhnliche Flexibilität – es gibt kaum eine Blüte, die sie nicht anfliegt – garantiert ihr beste Überlebenschancen. Auch in der Wahl der Nistplätze ist sie überaus flexibel. Es gibt kaum einen Hohlraum, in dem sie nicht nisten würde. Daher ist sie im Siedlungsbereich oft anzutreffen.

Nisthilfen nimmt sie gerne an. Aus feuchter oder lehmiger Erde baut sie Zellwände und Nestverschlüsse. Ist das Röhrchen lang genug, legt sie bis zu 20 Brutzellen hintereinander an. Bei nicht linearen Hohlräumen können sogar bis zu 30 Brutzellen nebeneinander liegen.

Wichtig: Specht und Meise haben Nisthilfen als besonders ergiebige Nahrungsquelle ausgemacht. Innerhalb kurzer Zeit können diese geplündert werden. Daher sollten sie mit einem Gitterdraht so geschützt werden, dass die Vögel die mit Larven gefüllten Nester nicht erreichen können.

Frontalansicht eines Männchens. In dieser Perspektive sieht man deutlich die auffällig weißliche Behaarung und die schlanken langen Fühler.

SÜDLICHE HOLZBIENE *Xylocopa valga*
BLAUSCHWARZE HOLZBIENE *Xylocopa violacea*

Xylocopa valga Flugzeit: März-September / Vorkommen: selten / Größe: 22-28 mm / Blütenbesuch: unspezialisiert
Xylocopa violacea Flugzeit: März-Oktober / Vorkommen: verbreitet / Größe: 20-30 mm / Blütenbesuch: unspezialisiert

Die Blauschwarze Holzbiene nutzt Pollenquellen aus über 11 verschiedenen Pflanzenfamilien. Darunter befinden sich Pflanzen wie die Ackerwinde, Platterbse, Nickende Distel, Salbei, Natternkopf, Taubnessel, Ziest, Stockrose, Lavendel, Luzerne, Mohn, Löwenmaul, Kiwi, Echtes Geißblatt und weitere.

Drei Holzbienen-Arten sind in Deutschland bekannt, wobei allein die Blauschwarze Holzbiene als ungefährdet gilt.

Die Kleine Holzbiene gilt laut der Roten Liste als ausgestorben oder verschollen.

Zu der sehr seltenen Südlichen Holzbiene gibt es keine Angaben der Roten Liste. Paul Westrich nennt in seinem Buch „Die Wildbienen Deutschlands" nur vereinzelte Funde.

Erkennungsmerkmale:

♀ **X. valga:** Kopf, Thorax und Fühler schwarz / Flügel metallisch blauschwarz schillernd
X. violacea: Kopf und Thorax schwarz / Flügel metallisch blauschwarz schillernd / Fühlerunterseite der mittleren Glieder gelblich

♂ **X. valga:** Buckel schwarz mit grauem Pelz / Fühler rein schwarz / Fühlerende nicht gebogen
X. violacea: Buckel schwarz mit grauem Pelz / Fühlerglieder 11 und 12 orangegelb / Fühlerende leicht gebogen

Lebensraum:
warme Gebiete, Streuobstwiesen, naturbelassene Gärten, Waldränder, Weinberge

Lebensweise:
Nestbau in Totholz, selbstgenagte Hohlräume in abgestorbenem, trockenem Holz

Blütenvorliebe:
Schmetterlingsblütler, Lippenblütler, Korbblütler, Rauhblattgewächse, im Siedlungsbereich besondere Vorliebe für Blauregen

Die Holzbiene ist durch ihre Größe und die blauschwarzen Flügel sehr prägnant. Sie könnte mit der seltenen Schwarzen Mörtelbiene *Megachile parietina* verwechselt werden. Diese nistet jedoch an Felswänden oder Gemäuern und ist deutlich schlanker im Körperbau. Die Kleine Holzbiene *Xylocopa iris* (14-17 mm) und die Schwarze Mörtelbiene (16-18 mm) sind etwa gleich groß und daher im Feld von den beiden größeren Holzbienenarten zu unterscheiden. Beide Arten werden allerdings nur sehr selten gesichtet.

Die Blauschwarze Holzbiene *Xylocopa violacea* ist die am häufigsten anzutreffende Holzbienen-Art in Deutschland. Sie bevorzugt warme Regionen. Sie breitet sich jedoch in Regionen aus, in denen sie zuvor nicht gesichtet wurde. Ein Grund könnten die für diese Art günstigen klimatischen Veränderungen sein.

War die Paarung nach der Überwinterung im Frühjahr erfolgreich, begibt sich das Weibchen auf Nestbausuche. Sie bevorzugt Totholz, um darin linear angeordnete Nistgänge zu nagen. Hier legt sie in separat angelegten Kammern, die durch Trennwände geteilt sind, ihre Larven ab. Bambusstäbe mit einem entsprechenden Durchmesser werden ebenfalls angenommen. Totholz ist in unseren Gärten leider selten vorhanden. Für Wildbienenfans empfiehlt es sich daher, abgestorbene Gehölze, zumindest zum Teil, stehen zu lassen.

Das Männchen der *Xylocopa violacea* trägt orangegelb gefärbte Fühlerglieder (11 und 12), außerdem ist das Fühlerende leicht gebogen.

Originalgröße bei 30 mm Körpergröße

WICHTIGE FRÜHBLÜHER FÜR HUMMELKÖNIGINNEN UND CO

Noch vor dem Austrieb ihrer Blätter präsentiert uns die **Weide** ihre pelzigen, prachtvollen Blütenstände. Zarte, silbrig glänzende Kätzchen entwickeln innerhalb kurzer Zeit ihre, von Insekten sehr begehrten, gelben Staubbeutel. Unter ihnen gibt es Zwerge, die als Strauch nur 30 cm hoch werden und Riesen, die bis zu 30 m in die Höhe wachsen können.

Die **Schleifenblume** gedeiht bei sonniger Lage mancherorts bereits Ende März. An den Gartenboden stellt sie keine besonderen Ansprüche, daher fühlt sie sich an Trockenmauern, auf Terrassen und auch im Steingarten wohl. Dieser schöne Kreuzblütler breitet sich stark aus und bildet einen schneeweißen Blütenteppich. Nach der Blüte bleibt das immergrüne Laub zurück.

Die Zwiebeln der **Sternhyazinthe** finden im Beet, an sommergrünen Gehölzen, am Gehölzrand wie auch im Rasen ihren Platz. Sie mag warme, sonnige bis absonnige Standorte und erfreut uns jahrelang immer wiederkehrend mit ihren zarten Blüten. An Standorten, die ihr zusagen, breitet sich die Pflanze sehr schnell selbst aus. Je nach Lage blüht sie sogar bereits Ende Februar.

Die **Gemeine Küchenschelle** ist eine ausdauernde, krautige Pflanze für warme, sonnige Standorte. Ihre glockenförmigen, pelzigen Blüten erscheinen in kräftigem Violett, Weiß, Zartlila oder Tiefrot und präsentieren in ihrer Mitte auffällig gelbe Staubbeutel. Bienen werden magisch angezogen, denn sie hat neben ihrer Schönheit ein recht hohes Pollenangebot zu bieten.

Die kleinen, unauffälligen Blüten der **Schneeheide** sind nicht zu unterschätzen, denn sie bieten erstaunlich viel Nektar und dazu noch eine ordentliche Portion Pollen. Sie ist unkompliziert und pflegeleicht, benötigt aber im Mai, gleich nach der Blüte, einen Rückschnitt pro Jahr. Geschieht das nicht, verkahlt der Strauch von innen heraus. Mit der Angabe der Blütezeit ist es etwas kompliziert. Sie blüht je nach Sorte in milden Wintern ab Dezember bis in den Spätfrühling hinein.

Der zähe, reich blühende **Rauling** stammt ursprünglich aus dem Kaukasus. Seinen Platz findet er in trockener Gehölzrandlage als auch an frisch humosen Standorten in lichtem Schatten. Die Blüten ähneln sehr den Blüten der Borretschpflanze. Da er von Bienen gerne angeflogen wird, ist sein Nahrungsangebot vermutlich, ähnlich dem Borretsch, recht hoch. Die Pflanze breitet sich aus und ist als nicht invasiver Gast in unseren Wäldern zu finden.

Weide
Salix
Weidengewächse

März-Mai

Sonne

Nektar ★★★★
Pollen ★★★★
Honigtau

MÄRZ

BLÜHPFLANZEN

Schleifenblume
Iberis sempervirens
Kreuzblütengewächse

März-Mai

Sonne

Nektar ★★
Pollen ★★

Sternhyazinthe
Chionodoxa luciliae
Spargelgewächse

März-April

Sonne / Halbschatten

Nektar ★★
Pollen ★

Gemeine Küchenschelle
Pulsatilla vulgaris
Hahnenfußgewächse

März-Mai

Sonne

Nektar ★
Pollen ★★★

Schneeheide
Erica carnea
Heidekrautgewächse

Dezember-April

Sonne

Nektar ★★★★
Pollen ★★

Rauling
Trachystemon orientalis
Raublattgewächse

März-April

Halbschatten / Schatten

Nektar ☆
Pollen ☆

Früh blühende **Tulpen**-Sorten läuten im März den lang ersehnten Frühling ein. Einfache, ungefüllte Blüten bieten auch etwas Nahrung für die ersten Wildbienen. Nicht viel, aber in dieser Jahreszeit ist jede Nahrung willkommen. In unseren Gärten sind Tulpen recht zahlreich vertreten. Die wilde Tulpe (*Tulipa sylvestris*, nicht abgebildet) hingegen ist äußerst selten geworden und stark gefährdet. Sie ist die einzige in Deutschland wild vorkommende Tulpenart.

Die Blüten des **Gefleckten Lungenkraut** weisen eine Besonderheit auf. Die zunächst rosafarbenen Blüten wandeln sich später in ein Blauviolett. Für die „eilige" Pelzbiene *Anthophora plumipes* ist beim Anflug der Blüten scheinbar sofort klar, dass die rosa gefärbten Blüten mehr Nahrung bieten als die bereits etwas länger in Blüte stehenden blauen Blüten. Das spart Zeit.

Laubmischwälder und Auwälder, Gebüsche und feuchte Wiesen bieten dem **Zweiblättrigen Blaustern** optimale Bedingungen. Er bevorzugt feuchte, kalkreiche Humusböden. Durch die Bundesartenschutzverordnung ist er besonders geschützt und darf als Wildblüte nicht gepflückt werden.

Der **Kriechende Beinwell** ist eine Schattenpflanze, die als Bodendecker eingesetzt werden kann. Sie breitet sich breitwachsend aus und erreicht eine Höhe von 20-30 cm. Ihre Bestäubung findet hauptsächlich über Hummeln und Pelzbienen statt.

Der **Märzenbecher**, auch Frühlings-Knotenblume genannt, gilt in Deutschland als gefährdet. Je nach Lage blüht er noch vor dem Schneeglöckchen bereits im Februar. In Auenwäldern und feuchten Laubmischwäldern ist er zu Hause, kommt aber mit fast jeder Bodenart klar. Der Boden sollte allerdings nicht zu trocken sein.

Ende März oder Anfang April blühen die **Hyazinthen** und verströmen einen angenehmen Duft. Sie eignen sich für das Beet genauso gut wie für den Pflanzkübel. Ob Wildbienen diese aufallenden Blütenstände besuchen, konnte ich bislang noch nicht beobachten.

Jedes Kind kennt das **Gänseblümchen**, da es auf natürlichen Wiesenflächen zu finden ist. Es blüht von Februar oder März bis in den November und ist somit ein absoluter Dauerblüher. Es gilt als Heilpflanze und wird von vielen Wildbienenarten angeflogen. Die schönen üppigen Blümchenwiesen ersetzt der penible Gartenbesitzer leider allzu gerne durch den blütenleeren „Englischen- oder Rollrasen".

Tulpe
Tulipa
Liliengewächse

März-Mai

Sonne / Halbschatten

Nektar ★
Pollen ★

Geflecktes Lungenkraut
Pulmonaria officinalis
Rauhblattgewächse

März-Mai

Halbschatten

Nektar ★ ★ ★
Pollen ★ ★

MÄRZ

BLÜHPFLANZEN

Zweiblättriger Blaustern	Kriechender Beinwell	Märzenbecher	Gartenhyazinthe	Gänseblümchen
Scilla bifolia	*Symphytum ibericum*	*Leucojum vernum*	*Hyacinthus orientalis*	*Bellis perennis*
Liliengewächse	Raublattgewächse	Amaryllisgewächse	Spargelgewächse	Korbblütengewächse
März-April	März-Juli	März-April	März-Mai	März-November
Halbschatten	Sonne / Halbschatten	Sonne	Sonne / Halbschatten	Sonne / Halbschatten
Nektar ★ ★	Nektar ★	Nektar ★ ★	Nektar ★ ★	Nektar ★
Pollen ★ ★ ★	Pollen ★	Pollen ★ ★	Pollen ★ ★	Pollen ★

In lichten Laubwäldern bildet der **Hohle Lerchensporn** ausgedehnte Blütenteppiche. Neben dieser bei uns heimischen Art gibt es viele weitere Lerchensporne unterschiedlichster Wuchsform und Größe. 15 cm klein ist der Gefingerte Lerchensporn – bis zu 100 cm kann der Lerchensporn *Corydalis scouleri* in die Höhe ragen.

Die **Kornelkirsche** wurde vor Jahrhunderten bereits von vielen Naturstandorten verdrängt. Natürliche Vorkommen findet man heute nur noch im südlichen Harz, in der Eifel, am Niederrhein, in der Saar-Mosel-Region sowie an Main, Donau und Saale. Ihr großzügiges Pollen- und Nektarangebot in der frühen Jahreszeit macht sie zu einem wichtigen Nahrungsspender, denn je nach Lage blüht sie bereits ab Ende Februar.

Die **Sumpfdotterblume** ist selten geworden und steht in einigen Bundesländern auf der Roten Liste. Ihr natürlicher Lebensraum sind nicht nur Auen- und Erlenbruchwälder. Sie fühlt sich auch auf feuchten Wiesen, an Quell-, Bach- und Grabenrändern wohl. Sie darf nicht aus der Natur entnommen werden. Als Staude am Rande eines Gartenteiches sollte sie nicht fehlen.

Die **Gelbe Narzisse** ist eine wild wachsende, in Deutschland heimische Narzisse. Ihre Blüten sind kleiner als die der Zuchtformen, die Kelchblätter sind hellgelb, die Trompete grellgelb. Als Wildpflanze ist sie in ihren Beständen stark bedroht und entsprechend streng geschützt. (Die Abbildung zeigt eine ähnliche Blütenform)

Die **Echte Schlüsselblume**, ist eine heimische Wildform, die sehr rar geworden ist. Sie wächst an sonnigen Hängen, auf trockenen Wiesen, an sonnigen Gehölzrändern oder auch in Laubwäldern. Ihre stark duftenden Blütenblätter sind Dottergelb und zeigen fünf orangefarbene Flecken in der Blütenmitte.

Im Mittelalter sollte die **Pestwurz** als Heilmittel gegen die Pest helfen, diesem Irrtum verdankt sie ihren Namen. Sie gehört zu der Familie der Korbblütler, auch wenn sie auf den ersten Blick nicht so aussieht. Sie fühlt sich in Wassernähe wohl, benötigt daher feuchtnasse Untergründe. Der invasive Japanische Staudenknöterich droht sie zu verdrängen, mit ihr gemeinsam ist die gesamte heimische Bachbegleitflora betroffen.

Sanfter Mandelduft begleitet das schneeweiße Blütenmeer des **Schlehdorn**. Nicht nur Wildbienen werden von der Schlehe angezogen, er ist unter anderem auch für den Goldglänzenden Rosenkäfer, den Schlehen-Bürstenspinner (Nachtfalter) oder den Baumweißling (Schmetterling) Nahrungsgrundlage.

Hohler Lerchensporn
Corydalis cava
Mohngewächse

März-April

Halbschatten

Nektar ★ ★
Pollen ★ ★

Kornelkirsche
Cornus mas
Hartriegelgewächse

März-April

Sonne / Halbschatten

Nektar ★ ★ ★
Pollen ★ ★
Honigtau

MÄRZ

BLÜHPFLANZEN

Sumpfdotterblume
Caltha palustris
Hahnenfußgewächse

März-Mai

Sonne / Halbschatten

Nektar ★ ★ ★
Pollen ★ ★

Gelbe Narzisse
Narcissus pseudonarcis-sus
Amaryllisgewächse

März-Mai

Sonne

Nektar ★ ★
Pollen ★

Echte Schlüsselblume
Primula veris
Primelgewächse

März-Mai

Sonne / Halbschatten

Nektar ★
Pollen ★

Pestwurz
Petasites hybridus
Korbblütengewächse

März-April

Halbschatten

Nektar ★ ★ ★
Pollen ★ ★ ★

Schlehdorn
Prunus spinosa
Rosengewächse

März-April

Sonne

Nektar ★ ★
Pollen ★ ★ ★

GRÜNGLANZ-SCHMALBIENE

Lasioglossum nitidulum oder smeathmanellum

4

APRIL

WILDBIENEN

BLÜHPFLANZEN

ROTBEINIGE KÖRBCHEN-SANDBIENE Andrena dorsata

Flugzeit: April-Mai + Juni-August / Vorkommen: häufig / ungefährdet / Größe: 9-10 mm
Blütenbesuch: unspezialisiert

Das große Foto links zeigt ein Weibchen, welches auf dem Blütenblatt der Kletterhortensie unseres Gartens eine kurze Pause einlegt.

Daneben ein Weibchen an einer Brombeerblüte.

Ein Weibchen an den Blüten des Echten Steinklees *Melilotus officinalis*, der ebenfalls in unserem Garten blüht und regelmäßig von der Rotbeinigen Körbchen-Sandbiene aufgesucht wird. Schön zu sehen: die Orangefärbung der hinteren Tarsen.

Erkennungsmerkmale:

♀ Thoraxrücken orangebraun behaart / Körper überwiegend schwarz / Gesicht hell behaart / Tergite 2-4 mit hellen Binden / Tergit 2 mittig unterbrochen / Endfranse graubraun / hintere Tarsen orangerot / Tibien keulenförmig / Ende der Hintertibia orange

♂ wie das Weibchen, aber etwas zierlicher im gesamten Körperbau

Lebensraum:
Waldränder und Lichtungen, Gärten, Parks, Kiesgruben, trockene Wiesen, vegetationsarme Flächen

Lebensweise:
selbstgegrabene Erdnester, bevorzugt in Sand- und Lehmboden

Kuckucksbiene:
Wespenbiene *Nomada zonata*

Blütenvorliebe:
unspezialisiert

Die deutsche Bezeichnung Rotbeinige Körbchen-Sandbiene beschreibt die orangerot gefärbten hinteren Tarsen (Fußglieder). Außerdem: An den Seiten des Mittelsegmentes (am Propodeum, Thoraxende) existiert neben dem Beinkörbchen ein weiteres gut ausgebildetes Sammelkörbchen.

Die Beinkörbchen der Andrena-Weibchen bilden sich aus der sogenannten Hüftlocke (Flocculus) am Schenkelring und einer kahlen Fläche auf der Unterseite des Schenkels (Femur).

Sie nistet solitär, lebt nicht in größeren Kolonien. Ihre Nester gräbt sie in lockere, vegetationsarme Böden an Böschungen, Sandwegen, Wegrändern und in schütter bewachsenen Bodenflächen. *Andrena dorsata* bildet zwei Generationen im Jahr. Die Abbildungen zeigen Weibchen in zweiter Generation zwischen Juni und August.

Links: Ein Männchen mit heller Gesichtsbehaarung.

Rechts: Ein Weibchen zeigt die Mundwerkzeuge.

Ein Weibchen in den Blüten der Apfel-Minze *Mentha suaveolens*.

OVALE KLEESANDBIENE Andrena ovatula

Flugzeit: **April-Juni + Juli-August** / Vorkommen: **häufig / ungefährdet** / Größe: **♀ 9-10 mm ♂ 7-10 mm**
Blütenbesuch: **unspezialisiert**

Dieses und das große Foto links zeigen Männchen an den Blüten des Gewöhnlichen Hornklees *Lotus corniculatus*.

Die Abbildung links sowie die großformatige Abbildung rechts zeigen mit weißem Pollen voll bepackte Weibchen.

Erkennungsmerkmale:
♀ Kopf und Thoraxrücken gelblichweiß behaart / Körper weiß behaart / Körperfarbe schwarz / quadratisch breiter Kopf / eiförmiger Hinterleib / weiße, schmale Binden
♂ Kopf und Körper weiß behaart / dem Weibchen ähnlich, aber etwas zierlicher
Lebensraum:
Fett- und Magerwiesen, Gärten, Sand- und Lehmgruben, Ruderalflächen, Steinbrüche
Lebensweise:
selbstgegrabene Erdnester, keine bevorzugte Bodenart, teils in größeren Kolonien
Kuckucksbiene:
Wespenbiene *Nomada rhenana*
Blütenvorliebe:
3 Pflanzenfamilien: bevorzugt Schmetterlingsblütler, Korbblütler, Kreuzblütler

Andrena ovatula gehört zu den häufigsten Sandbienen-Arten. In Deutschland, Österreich und der Schweiz ist sie gleichermaßen häufig zu finden. Die Ovale Kleesandbiene gilt als bivoltin, denn sie bildet zwei Generationen pro Jahr. Die erste Generation schlüpft im April, die zweite Generation entwickelt sich im Juli und fliegt bis Ende August.

Ihr Name verweist auf den eiförmigen Hinterleib. Übersetzt heißt „ovatus" eiförmig. Im Feld ist sie von ähnlichen Sandbienen-Arten nicht zu unterscheiden. Weibchen wie Männchen sind überwiegend schwarz gefärbt und tragen schmale weiße Binden.

Ihre Nester gräbt sie selber. Eine bevorzugte Bodenart scheint es nicht zu geben, denn schütter bewachsene Bodenflächen werden ebenso angenommen wie dicht bewachsene Fettwiesen. Gelegentlich kommen größere Kolonien zustande.

Sie hat eine besondere Vorliebe für Schmetterlingsblütler wie Hornklee, Weiß- und Rotklee, Zaun-Wicke und Steinklee.

Ein Weibchen in der Blüte einer ihrer Lieblingspflanzen, dem Gewöhnlichen Hornklee *Lotus corniculatus*.

SECHSBINDIGE FURCHENBIENE Halictus sexcinctus

Flugzeit: **April-Oktober** / Vorkommen: **selten / gefährdet** / Größe: **♀ 14-15 mm ♂ 13-16 mm**
Blütenbesuch: **unspezialisiert**

Weibchen in den Blüten einer Flockenblume.

Ein Männchen taucht in die Blüte einer Sumpf-Kratzdistel ein. Deutlich zu sehen sind die langen, gelblich gefärbten Fühler mit den dunkel gefärbten Enden.

Erkennungsmerkmale:

♀ Kopf und Thorax schwarzbraun, rötlichgelb behaart / Hinterleibsbinden weißgelb mit nur schwacher Filzbehaarung an den Tergitbasen / Endtergit mit rötlich behaarter Längsfurche

♂ Kopf und Thorax schwarzbraun, rötlichgelb behaart / 6 Hinterleibsbinden weißlich / Fühler lang, ockerfarben / Fühlerende hakenartig, die letzten 3 Glieder schwarz / Hinterleib lang und schmal / Clypeusspitze (unteres Kopfschild) gelb

Lebensraum:

Sandgruben, Magerwiesen, Waldränder, Sand- und Lößgebiete

Lebensweise:

solitär, selbstgegrabene Nester in sandigen, ebenen Böden oder vegetationsarmen Flächen

Kuckucksbiene:

Blutbiene *Sphecodes gibbus*

Blütenvorliebe:

Kardengewächse, Korbblütler, Windengewächse, Mohngewächse

Eigentlich solitär lebend „erlebt" das Weibchen der Sechsbindigen Furchenbiene ihre Nachkommen, denn diese entwickeln sich bereits im Hochsommer und überwintern im gleichen Nest. Das ist für Solitärbienen eigentlich unüblich. Mütter und Töchter begegnen sich normalerweise nicht, da die Nachkommen als Larve überwintern und in der Regel in Folgejahr schlüpfen.

Die Männchen sterben nach der Paarung, die im Herbst stattfindet. Der deutsche Name verweist auf die sechs weißlichen Haarbinden des Hinterleibs beim Männchen.

Halictus sexcinctus könnte mit *Halictus scabiosae* verwechselt werden. Jene Art trägt jedoch deutlich dunklere, ockergelbe Hinterleibsbinden und eine sichtbare Filzbehaarung an der Basis der Tergite, zudem besitzen die Männchen durchgehend dunkelbraun gefärbten Fühler.

Die Fühler der Männchen sind überwiegend gelblich bis rostrot gefärbt. Die Fühlerenden sind hakenartig geformt und dunkel, was sie deutlich von der ähnlichen Gelbbindigen Furchenbiene *Halictus scabiosae* unterscheidet.

DICKKOPF-SCHMALBIENE *Lasioglossum glabriusculum*

Flugzeit: **April-Oktober** / Vorkommen: **mäßig häufig / ungefährdet** / Größe: **4-5 mm**
Blütenbesuch: **vermutlich unspezialisiert**

Die Weibchen besitzen (in der Aufsicht) einen beinahe quadratischen Kopf.

Erkennungsmerkmale:
♀ Kopf, Thorax und Hinterleib schwarzbraun / Thorax (Mesonotum) nahezu unbehaart / breiter, großer, quadratischer Kopf
♂ keine Angaben bekannt
Lebensraum:
warme trockene Standorte im Süden Deutschlands, vegetationsarme Flächen, Brachland, Ruderalflächen, Sand-, Kies- und Lehmgruben
Lebensweise:
eusozial, Nestgründung durch Schwestern
Kuckucksbiene:
Wespenbiene *Nomada sheppardana*
Blütenvorliebe:
nicht bekannt, vermutlich unspezialisiert

Größenvergleich: Dickkopf Schmalbiene / Honigbiene

Sie ist mit nur 4-5 mm Größe ein Zwerg unter den Wildbienen und eine der kleinsten ihrer Art. Der recht große Kopf der Weibchen hat eine beinahe quadratische Form und ist wie die Oberseite des Brustkorbes unbehaart. „Glaber" bedeutet im Lateinischen glatt, kahl, daher die Bezeichnung *Lasioglossum glabriusculum*.

Sogenannte „Schwestern" gründen das Nest. Die Größte unter ihnen übernimmt die Aufgabe der Königin und legt erste Eier, aus denen die Arbeiterinnen schlüpfen. Die Arbeiterinnen versorgen die weitere Brut, bewachen und reparieren den Nesteingang, kümmern sich somit um die gemeinsame Gründung des Volkes. Jungköniginnen überwintern begattet in dem Nest, in dem sie aufgewachsen sind.

Das Weibchen mit der typischen Furche.

Die Fotografie zeigt das Größenverhältnis zwischen einer Honigbiene und der winzigen Dickkopf-Schmalbiene.

Sie sammeln gemeinsam den Pollen des Spitzwegerichs *Plantago lanceolata.*

GRÜNGLANZ-SCHMALBIENE *Lasioglossum nitidulum*

Flugzeit: **April-September** / Vorkommen: **häufig / ungefährdet** / Größe: **6 mm**
Blütenbesuch: **unspezialisiert**

Den grün schimmernden Glanz trägt das Männchen dicht punktiert an Kopf und Brust.

Schön zu erkennen, der „Buckel" und das ausgesprochen flexible Mundwerkzeug.

Erkennungsmerkmale:

♀ Kopf, Thorax und Hinterleib metallisch grün schimmernd / Stirn und Buckel dicht punktiert / große hellere Basalflecken auf den mittleren Tergiten

♂ dem Weibchen ähnlich / Kopf und Thorax metallisch grün schimmernd / Gesicht mit gelber Clypeusspitze [unteres Kopfschild] / an der Basis eingedrückte Tergiten / längere Fühler, Unterseite der Fühler hell

Lebensraum:
Siedlungsbereiche, Trockenhänge, Gärten mit Trockenmauern, Sand- und Lehmgruben, Weinberge

Lebensweise:
vermutlich eusozial

Kuckucksbiene:
unbekannt

Blütenvorliebe:
12 Pflanzenfamilien: Cistrosengewächse, Doldengewächse, Glockenblumengewächse, Hahnenfußgewächse, Korbblütler, Kreuzblütler, Lippenblütler, Liliengewächse, Mohngewächse, Rachenblütler, Rauhblattgewächse, Rosengewächse

Lasioglossum nitidulum und *Lasioglossum smeathmanellum* sind kaum voneinander zu unterscheiden. Äußere Merkmale, die Wahl der Blühpflanzen sowie Lebens- und Nistweise sind nahezu gleich. „Nitidus" bedeutet „glänzend, schimmernd".

Grünglanz zeigen verschiedene Schmalbienen-Arten. Nach Fotografien sind sie nicht klar zuzuordnen. Verwechselbar sind: *Lasioglossum aeratum, L. alpigenum, L. bavaricum, L. cupromicans, L. leucopus, L. lissonotum, L. morio, L. nitidulum* und *L. podolicum*.

Die Abbildungen zeigen ausschließlich Männchen, deutlich zu erkennen an den langen Fühlern und dem gelben Querstreifen über dem Mund [auch Clypeusspitze genannt]. Mit nur 6 mm Körpergröße zählt diese Schmalbienenart zu den Wildbienen-Winzlingen.

Ein Männchen ruht auf einer Blüte der Gewöhnlichen Waldrebe *Clematis vitalba*.

SCHMALBIENE *Lasioglossum sexnotatum*

Flugzeit: **April-September** / Vorkommen: **selten / gefährdet** / Größe: **9-11mm**
Blütenbesuch: **unspezialisiert**

Ein Weibchen Ende April auf der Blüte des Wiesen-Schaumkraut.

Alle weiteren Fotos zeigen Männchen an der Knotigen Braunwurz.

Erkennungsmerkmale:

♀ Kopf und Körper schwarz / Körper schlank / Gesicht rundlich / Tergit 1 glatt, Tergite 2 und 3 mit großen basalen Haarflecken

♂ dem Weibchen sehr ähnlich / Gesicht rundlich, weniger lang als breit / Fühler dunkel

Lebensraum:
Magerrasen, Wegböschungen, Lösshohlwege, Gärten, Siedlungsbereiche, Ruderalflächen, Industriebrachen

Lebensweise:
nistet in selbstgegrabenen Hohlräumen im Erdreich

Kuckucksbiene:
unbekannt

Blütenvorliebe:
10 Pflanzenfamilien: Blutweiderichgewächse, Hahnenfußgewächse, Korbblütler, Kreuzblütler, Liliengewächse, Rachenblütler, Raublattgewächse, Rosengewächse, Spargelgewächse, Weidengewächse

Sie wird Sechsfleckige Furchenbiene oder teilweise auch Spargel-Schmalbiene genannt. Letzteres weist auf den Blütenbesuch der Weibchen hin, welche neben einer umfangreichen Auswahl an Blühpflanzen, den Gewöhnlichen Spargel *Asparagus officialis* besucht.

Obwohl diese Schmalbiene eine ausgesprochen polylektische Art ist, wird sie nur selten gesichtet. Sie gilt laut der Roten Liste als gefährdete Art. Daher freue ich mich sehr über ihre Anwesenheit in unserem Garten. Ende Juli 2022 konnte ich erstmals ein Männchen bei der Nektaraufnahme an der Knotigen Braunwurz *Scrophularia nodosa* beobachten, seit Jahren wächst dieses unscheinbare einheimische Braunwurzgewächs an einem schattigen Platz mit magerem Boden. Für das leibliche Wohl stehen zudem Akelei, Ackersenf, Flockenblume, Gamander-Ehrenpreis, Löwenzahn, Mohn, Schafgarbe, Schöllkraut und Scharfer Hahnenfuß zur Verfügung.

Außerdem besucht sie Pflanzen wie Barbarakraut, Brombeere, Blauglöckchen, Königskerze, Weide und Zaunrübe.

Acht Minuten Pause auf der Blüte eines Habichtskrautes.
Die Gelegenheit, ein beiderseits entspanntes Foto der hübschen Gesichtszeichnung des Männchens zu bekommen.

BUCKEL-BLUTBIENE Sphecodes gibbus / Kuckucksbiene

Flugzeit: **April-Oktober** / Vorkommen: **häufig** / **ungefährdet** / Größe: **7-13 mm**
Blütenbesuch: **unspezialisiert**

Das große Foto dieser Seite zeigt ein Männchen auf einer Rossminze *Mentha longifolia*.

Alle weiteren Fotos zeigen Weibchen auf einer Goldrute.

Erkennungsmerkmale:
♀ Kopf und Thorax schwarz / Hinterleib Tergite 1-3 rotbraun / Tergite 4-6 schwarz, schwarz behaart
♂ einige Männchen kleiner Blutbienenarten haben einen schwarzen Hinterleib
Lebensraum:
überall dort wo ihre Wirtsbienen leben
Lebensweise:
Larven schlüpfen aus den Brutzellen der Wirtsnester, Weibchen überwintern in verlassenen Nesteingängen
Wirtsbienen:
Halictus-Arten
Blütenvorliebe:
unspezialisiert

Blutbienen sind dank ihres roten Hinterleibes vermeintlich schnell den Blutbienen zuzuordnen. Die typischen Merkmale der meisten Blutbienen sind der tiefschwarz gefärbte Kopf, der ebenso schwarze Thorax und die dunkelrote Färbung der Hinterleibs-Tergite 1–3. Die Hinterleibs-Tergite 4–5 sind entweder komplett schwarz oder teils schwarz, teils rotgefärbt. Es gibt auch Ausnahmen wie zum Beispiel bei *Sphecodes albilabris*, hier ist die Hinterleibsspitze nur reduziert schwarz gefärbt.

Die Buckel-Blutbiene ist relativ groß und trägt dunkelbräunlich getrübte Flügel. Ihre Wirte sind *Halictus rubicundus, Halictus quadricinctus, Halictus sexcinctus*, vermutlich auch *Halictus maculatus, Andrena vaga* und *Colletes cunicularius.* Die Männchen sterben im Spätsommer, die Weibchen überwintern und legen im Frühjahr ihre Eier in die Nester ihrer Wirte.

Da einer ihrer Wirte, die Rotbeinige Furchenbiene *Halictus rubicundus* ebenfalls in unserem Garten zu finden ist, ist ihre Zuordnung vermutlich richtig. Äußerlich ähneln sich die 25 Blutbienen-Arten, die in Deutschland vorkommen so sehr, dass eine eindeutige Bestimmung wie so oft nur mit technischen Hilfsmitteln wie einem Binokular möglich wäre.

Ein Weibchen in den Blüten einer Goldrute.

LÖWENZAHN
EIN UNTERSCHÄTZTER WILDBLÜHER

Männchen der Rostroten Mauerbiene suchen in unserem Garten zur Nektaraufnahme gerne die **Traubenhyazinthe** auf. Die wilde Weinbergs-Traubenhyazinthe sieht der hier abgebildeten Zuchtform recht ähnlich. Sie wächst in Mitteleuropa in Wäldern, Weiden, Weinbergen und auf Felsen.

Das **Silberblatt** bevorzugt schattige Plätze unter Bäumen, in Laubwäldern oder Schluchten. Sie mag keine direkte Sonne – Morgen- und Abendsonne toleriert die einjährige Pflanze jedoch. Neben einigen Wildbienen wird sie gerne von Schmetterlingen, Nachtfaltern und Schwebefliegen besucht. Für die Raupen des schönen Aurorafalters gilt sie als wichtige Futterpflanze.

Löwenzahn, der Tausendsassa unter den Wildblumen. Er ist anerkanntes Heilkraut und super Pollen- bzw. Nektarspender zugleich, und das gleich zweimal pro Jahr. Zuerst im Frühjahr und später auch im Herbst. Diverse Wildbienenarten suchen die gelben Blüten des Löwenzahn auf.

Die mehrjährige **Weiße Taubnessel** ähnelt in ihrem Blattwerk sehr der Brennnessel. Aber, wie der Name sagt, ihre Blätter sind taub und besitzen keine Brennhärchen. Die schöne Wildstaude kann bis zu achtzig Zentimeter hoch wachsen. Im Beet sollte sie eine Wurzelsperre bekommen. In einem Kübel, kombiniert mit einem hochwachsenden Günsel, sieht sie fantastisch aus.

Wie ihr Name verrät, kann die **Knoblauchsrauke** als Küchenkraut eingesetzt werden. Die frischen, grünen Blätter der Würzpflanze geben ein geschmacksintensives Knoblaucharoma ab. Der Kreuzblüher wird von Wildbienen besucht, die auf diese Pflanzenfamilie spezialisiert sind. Achtung: Die Pflanze breitet sich stark aus.

Kriechender Günsel – ein wertvoller, heimischer Bodendecker. Er kann eine Wuchshöhe von bis zu 30 cm erreichen. Beheimatet ist er im gesamten Alpenraum, wächst jedoch auch im Flachland, in Wäldern und an Waldrändern. Im Gartenbeet kann er durch eine Beetbegrenzung eingedämmt werden.

Vor über 80 Jahren gab es an den Außendeichwiesen der Elbe noch große Vorkommen der **Schachblume**. Leider sind die Bestände in ganz Mitteleuropa bereits um 97% zurückgegangen. Da die Blüte fortwährend Nektar produziert, wird sie gerne von Hummeln angeflogen. Ein guter Grund, dieses schöne Liliengewächs in den Garten zu holen.

Traubenhyazinthe
Muscari
Spargelgewächse

April-Mai

Sonne

Nektar ★★
Pollen ★★

Silberblatt
Lunaria annua
Kreuzblütengewächse

April-Juni

Halbschatten

Nektar ★
Pollen ★

APRIL

BLÜHPFLANZEN

Löwenzahn
Taraxacum officinale
Korbblütengewächse

April–Juni

Sonne / Halbschatten

Nektar ★ ★ ★ ★
Pollen ★ ★ ★ ★

Weiße Taubnessel
Lamium album
Lippenblütler

April–Oktober

Sonne / Halbschatten

Nektar ★ ★
Pollen ★

Knoblauchsrauke
Alliaria petiolata
Kreuzblütengewächse

April–Juli

Sonne / Halbschatten

Nektar ★
Pollen ★

Kriechender Günsel
Ajuga reptans
Lippenblütler

April–August

Sonne / Halbschatten

Nektar ★ ★ ★
Pollen ★

Schachblume
Fritillaria meleagris
Liliengewächse

April–Mai

Sonne

Nektar ★
Pollen ★

Wald-Vergissmeinnicht – die Blume der Liebenden. Die zweijährigen bis ausdauernden Pflanzen werden seit alters her in Gärten und Parks kultiviert. Während der Blütenentwicklung ändert sich die Blütenfarbe von Rosa zu Himmelblau. Es gibt bis zu 100 verschiedene Arten.

Mischt man **Bärlauch** mit Vergissmeinnicht, gerne auf einer schattigen Wiesenfläche unter einem Baum, wird das Auge mit einer wunderbar zart anmutenden Blütenwiese belohnt. Hier tummeln sich dank der Blütenmischung kleine Maskenbienen, Mauerbienen und einige Sandbienenarten.

Der **Hahnenfuß** ist für die streng oligolektische Hahnenfuß-Scherenbiene überlebenswichtig, denn sie fliegt auf der Suche nach Nahrung nur diese eine Pflanzenfamilie an. Wegen der langen Blütezeit und seines häufigen Vorkommens stellt der Scharfe Hahnenfuß für viele Insekten eine wichtige Nahrungsquelle dar.

Die mehrblütige kleine **Stern-Tulpe** trägt an einem Stängel drei bis acht Blüten. Sie öffnet ihre Blüten erst, wenn sie von der Sonne beschienen wird und verströmt dann einen angenehmen Duft. Diese anspruchslose Wildtulpe blüht jedes Jahr von Neuem, sie eignet sich zum Verwildern und mag einen sonnigen Platz.

Ende April oder Anfang Mai erscheint das nostalgisch anmutende **Tränende Herz**. Die Nektarwerte sind mir nicht bekannt. Jedoch konnte ich Hummeln dabei beobachten, wie sie die Blüten oben anstachen, um an den Nektar zu gelangen. Sie ist eine Laubwaldpflanze und liebt humusreiche, durchlässige Böden in leichtem Schatten.

Auch als „Wildes Vergissmeinnicht“ bekannt, wurde der **Gamander-Ehrenpreis** im Mittelalter als Heilpflanze hoch geschätzt. Heute findet das kleine Wegerichgewächs kaum Beachtung. Für die Ehrenpreis-Sandbiene *Andrena viridescens* ist sie allerdings überlebenswichtig, denn sie ist auf diese unscheinbare Pflanze spezialisiert. Ihre Hauptpollenquellen sind der Gamander-Ehrenpreis und der Große Ehrenpreis. Weitere 27 Wildbienenarten besuchen diese zierliche Blühpflanze. Ein gutes Argument, den Ehrenpreis in den eigenen Garten zu holen.

Die **Zaun-Wicke** ist Hauptpollenquelle der streng spezialisierten Zaunwicken-Sandbiene *Andrena lathyri*. Weitere drei auf Schmetterlingsblütler spezialisierte Wildbienenarten (*Andrena wilkella*, *Eucera longicornis* und *Eucera nigrescens*) besuchen die Zaun-Wicke ebenfalls. Außerdem schätzungsweise 16 weitere unspezialisierte Sandbienen-, Blattschneiderbienen-, Mörtelbienen-, und Mauerbienen-Arten. Ist das Wetter feuchtwarm, produzieren die Pflanzen besonders viel Nektar. Übrigens lieben auch Ameisen den Nektar der Blüten.

Wald-Vergissmeinnicht
Myosotis sylvatica
Rauhblattgewächse

April-September

Sonne / Halbschatten

Nektar ★
Pollen ★

Bärlauch
Allium ursinum
Amaryllisgewächse

April-Mai

Schatten / Halbschatten

Nektar ★ ★
Pollen ★

APRIL

BLÜHPFLANZEN

Scharfer Hahnenfuß
Ranunculus acris
Hahnenfußgewächse

April–September

Sonne / Halbschatten

Nektar ★
Pollen ★

Stern-Tulpe
Tulipa tarda
Liliengewächse

April–Mai

Sonne

Nektar ★
Pollen ★

Tränendes Herz
Dicentra spectabilis
Mohngewächse

April–Juni

Sonne / Halbschatten

Nektar ☆
Pollen ☆

Gamander-Ehrenpreis
Veronica chamaedrys
Wegerichgewächse

April–September

Sonne / Halbschatten

Nektar ★
Pollen ★

Zaun-Wicke
Vicia sepium
Schmetterlingsblütler

April–Juli

Sonne / Halbschatten

Nektar ★ ★ ★
Pollen ★ ★ ★

Die aufrecht wachsende **Gelbe Taubnessel** besitzt wie die weiße und die gefleckte Taubnessel keine Brennhärchen. Sie findet in unseren Gärten nur wenig Beachtung. Dabei ist sie alles andere als gewöhnlich.

Die Blüten der **Gefleckten Taubnessel** ähneln ein wenig den Blüten wilder Orchideen. Da die Taubnessel einen langen Blühzeitraum ausfüllt, wird sie von verschiedenen Wildbienenarten aufgesucht. Beide Taubnessel-Arten eignen sich für den Schattengarten!

Der **Acker-Schöterich**, eine Pflanze aus der Familie der Kreuzblütengewächse, kann eine Wuchshöhe von bis zu 60 cm erreichen. Früher wurde die Pflanze in Landgärten kultiviert und mit Mohn oder Tulpenzwiebeln kombiniert. Wird die Pflanze nach der ersten Blüte geschnitten, kann sie den ganzen Sommer lang blühen.

Auf dem **Wiesen-Kerbel** finden sich Blütenbesucher aller Art ein. Käfer scheinen die Pflanze besonders zu mögen. Neben dem einfachen Wiesen-Kerbel gibt es den Purpur-Wiesen-Kerbel. Dessen Blattwerk ist bräunlich grün und bildet zu den reinweißen, strahlenförmigen Blüten einen schönen Kontrast.

Das **Frühlings-Fingerkraut** lässt sich wunderbar in den heimischen Garten integrieren. Diese von Schnecken gemiedene Pflanze zaubert durch ihren teppichartigen Wuchs eine schöne Bodendeckeroptik in Ihren Garten. Sie blüht von Ende März bis Anfang Juni. Oftmals erscheint im Spätsommer eine Nachblüte. Im Frühjahr ist sie eine wichtige Trachtpflanze für die Rote Fingerkraut-Sandbiene.

Das **Echte Barbarakraut** oder auch Winterkresse genannt, kann in der Küche als Salat oder Gemüse verwendet werden. Die zweijährige Pflanze erreicht eine Wuchshöhe von bis zu 90 cm. Die Blüten der Pflanze geben reichlich Nektar ab und werden daher „Nektar führende Scheibenblumen" genannt.

Goldlack – eine altbekannte Bauerngartenpflanze. Je nach Lage blüht sie ab Ende April. Dann verströmen ihre gelben Blüten einen betörenden Veilchenduft. Sie mag sonnige Lagen und bevorzugt einen kalkhaltigen Gartenboden.

Gelbe Taubnessel
Lamium galeobdolon
Lippenblütler

April-September

Halbschatten

Nektar ★ ★
Pollen ★

Gefleckte Taubnessel
Lamium maculatum
Lippenblütler

April-September

Halbschatten

Nektar ★ ★
Pollen ★

APRIL

BLÜHPFLANZEN

Acker-Schöterich	**Wiesen-Kerbel**	**Frühlings-Fingerkraut**	**Echtes Barbarakraut**	**Goldlack**
Erysimum cheiranthoides	*Anthriscus sylvestris*	*Potentilla neumanniana*	*Barbarea vulgaris*	*Erysimum cheiri*
Kreuzblütengewächse	Doldenblütler	Rosengewächse	Kreuzblütengewächse	Kreuzblütengewächse
April-September	April-August	April-Juni	April-Juli	April-Juni
Sonne	Sonne	Sonne	Sonne / Halbschatten	Sonne / Halbschatten
Nektar ☆	Nektar ☆	Nektar ★	Nektar ★ ★ ★	Nektar ☆
Pollen ☆	Pollen ☆	Pollen ★	Pollen ☆	Pollen ☆

Bevor das Laub des **Spitz-Ahorn** austreibt, entfalten sich seine gelbgrünen, in aufrechten Rispen angeordneten Blüten, um fein duftend potenzielle Bestäuber anzulocken. Der wärmeliebende Baum ist Bienenweide und Vogelnährgehölz zugleich. Denn die Früchte des Spitzahorn, paarweise geflügelte Nüsschen, bieten auch Vögeln Nahrung. Er ist Baum des Jahres 2009.

Seit dem 16. Jahrhundert, aus Asien oder Südeuropa eingebürgert, gilt der **Flieder** mit seinen imposanten Blütenrispen als beliebter Frühjahrsstrauch. Von April bis Mai erscheinen die lilafarbenen oder weißen, duftenden Blütenrispen. Wildbienen oder Schmetterlinge konnte ich bislang nicht an den Blüten entdecken. Das Bundesamt für Naturschutz schätzt den Gemeinen Flieder als invasive Art ein, da er einheimische Arten verdrängen kann.

Die **Birne** gehört zur Familie der Rosengewächse. Heutige Kulturformen sind aus Kreuzungen europäischer und verschiedener westasiatischer Wildbirnen entstanden. In ihnen steckt auch unsere heimische Wildbirne, die Holzbirne. Die Äste dieser wilden Form sind mit Dornen versehen, ihre Früchte sind rund. Sie kann beachtliche 150 Jahre alt werden und ist, wie alle Obstgehölze, auf Bestäuber wie Honigbienen, Wildbienen, Käfer und weitere bestäubende Insekten angewiesen.

Möchten Sie einen **Apfelbaum** pflanzen, sollten Sie schauen, ob es in Bienenflugweite eine andere Apfelsorte gibt, denn Apfelbäume sind nicht selbstfruchtbar. Die Blüten des Apfelbaumes benötigen zur Bestäubung den Pollen einer anderen Apfelsorte. Nur so können Früchte heranreifen. Ist das geklärt, stellen sich weitere Fragen zu Apfelsorten und Geschmacksrichtungen. Das Angebot ist groß, es gibt Sommer-, Herbst- oder Winteräpfel. In jedem Fall ist ein Obstbaum ein absoluter Zugewinn und bereichert jeden Garten.

Die **Blutpflaume** ist ebenso prachtvoll in der Blüte wie Birne und Apfel, ihre Blüten sind jedoch rosa gefärbt. Sie trägt kleine, essbare, süßliche Pflaumen die eher wie Kirschen anmuten.

Eine weitere Bienenweide ist die **Süßkirsche**. Die Mutter aller Süßkirschen wird auch Vogelkirsche genannt, da ihre süßen Früchte auf dem Speiseplan der Vögel an erster Stelle stehen. Ihre Blüten sind schneeweiß, die Früchte schwarzrot, sie schmecken bittersüß und haben einen großen Kern. Die Vogelkirsche ist Baum des Jahres 2010. Laut einer Zählung der Dr. Silvius Wodarz Stiftung trägt eine ausgewachsene Vogelkirsche eine Million Blüten!

Spitz-Ahorn
Acer platanoides
Seifenbaumgewächse

April-Mai

Sonne

Nektar ★ ★ ★
Pollen

Flieder
Syringa vulgaris
Ölbaumgewächse

April-Mai

Sonne / Halbschatten

Nektar ★ ★ ★ ★
Pollen

APRIL

BLÜHPFLANZEN

Birne	**Apfel**	**Blutpflaume**	**Süßkirsche**
Pyrus	*Malus*	*Prunus cerasifera*	*Prunus avium*
Rosengewächse	Rosengewächse	Rosengewächse	Rosengewächse
April-Mai	April-Mai	April-Juli	April-Mai
Sonne	Sonne	Sonne	Sonne
Nektar ★★★	Nektar ★★★★	Nektar ★	Nektar ★★★★
Pollen ★★★	Pollen ★★★★	Pollen ★	Pollen ★★★★
Honigtau			

GEWÖHNLICHE MASKENBIENE
Hylaeus communis / Männchen / gelbe Varietät

5

MAI

WILDBIENEN

BLÜHPFLANZEN

GEWÖHNLICHE MASKENBIENE *Hylaeus communis*

Flugzeit: Mai-Oktober / **Vorkommen:** sehr häufig / ungefährdet / **Größe:** 4,5-7 mm
Blütenbesuch: unspezialisiert

Die Masken der Männchen sind in ihrer Form recht variabel. Die beiden kleineren Abbildungen links zeigen Männchen der gelben Variante, rechts der schwarzen Variante mit jeweils unterschiedlich ausgeprägten Masken. Diese können mehr oder weniger ausgefüllt sein und sind oft reduziert auf drei gelbe Flecken. Die Seitenflecken der Weibchen fallen ebenfalls unterschiedlich groß aus.

Links ist ein Weibchen abgebildet. Da Maskenbienen keine Sammel- und Transportvorrichtung an den Beinen besitzen, sammeln und transportieren sie den recht feuchten Pollen-Nektar-Proviant in einem Kropf. Mithilfe der Vorderbeine und einem Borstenkamm am Unterkiefer wird die feuchte Masse aufgenommen und verschluckt. Im Nest wird dieses Gemisch wieder ausgespuckt.

Erkennungsmerkmale:

♀ Körper schwarz / Gesichts-Seitenflecken gelb, oben innen ausgerandet, quer abgestutzt / Stirnschildchen im Profil stufig von der Stirn abgesetzt / Hinterleibsegment 1 poliert

♂ Körper schwarz / Gesichtsmaske gelb / Halskragen schwarz und scharfkantig / Hinterleibsegment 1 poliert / Fühlerschaft kurz, kreiselförmig, mitunter gelb gefleckt

Lebensraum:

Waldränder, Waldlichtungen, Gärten, Parks, Sandgruben, Kies- und Lehmgruben, Ruderalflächen

Lebensweise:

nistet in vorhandenen Hohlräumen wie Käferfraßgängen, Rissen und Fugen von Hauswänden, markhaltigen Pflanzenstängeln, verlassenen Grabwespen-Nestern, Nisthilfen

Parasitoide:

Schmalbauchwespen (*Gasteruptionidae*)

Blütenvorliebe:

keine besondere Vorliebe

Hylaeus communis ist die häufigste Art ihrer Gattung. Sie ist eine Generalistin, die mit verschiedensten Lebensräumen und Trachtpflanzen zurechtkommt. Auch bei der Wahl ihrer Nistplätze nimmt sie es nicht so genau. Sie nistet in vorhandenen Hohlräumen in Totholz wie in Käferfraßgängen, in markhaltigen Pflanzenstängeln und in verlassenen Grabwespen-Nestern. Aber auch Risse, kleine Löcher und Fugen in Hauswänden werden von ihr besiedelt. In unserer Hauswand steckt ein Dübel. Sogar dieser wurde für gut befunden, besiedelt und sorgsam mit einer seidigen Membran verschlossen.

Die Gewöhnliche Maskenbiene existiert in zwei Varietäten. Es gibt eine gelbe bzw. helle Form und eine dunkle bzw. schwarze Form. Beide Varianten der Gewöhnlichen Maskenbiene besuchen die gleichen Trachtpflanzen und bevorzugen den gleichen Lebensraum. Auch die Nistweise ist die gleiche. Die helle Variante tritt jedoch deutlich seltener auf.

Männchen gelbe Varietät — Männchen schwarze Varietät — Weibchen gelbe Varietät — Weibchen schwarze Varietät

11:16 Uhr: Regenpause im Zierlauch *Allium christophii*, es ist für kleine Bienen sicherer, nun ein Mittagsschläfchen zu halten.

Dieses Männchen wartet mit angelegten Fühlern auf besseres Wetter. Gut, dass ich eine Runde durch den regennassen Garten unternahm.

Ein plötzlicher Wetterumschwung bietet oft die Möglichkeit, ruhende Insekten vor die Kamera zu bekommen.

SCHWARZGLÄNZENDE KEULHORNBIENE *Ceratina cucurbitina*

Flugzeit: Mai-September / **Vorkommen:** häufig / ungefährdet / **Größe:** 6-9 mm
Blütenbesuch: unspezialisiert

Hier schön zu sehen: die senkrechte Zeichnung im Gesicht des Weibchens und der hellgelbe Halskragen.

Die Fotos zeigen sammelnde Weibchen am Wilden Majoran *Origanum vulgare* und an den Blüten des Gewöhnlichen Natternkopf *Echium vulgare*.

Erkennungsmerkmale:
♀ Kopf und Körper schwarz glänzend, nicht metallisch schimmernd, unbehaart / kurze keulenförmige Fühler / weiße Längszeichnung mittig des Kopfschildes / Halskragen weiß / weiße Flecken nahe dem Flügelansatz und an den Beinschienen
♂ ähnlich dem Weibchen, aber deutlich kleiner / größerer weißer Fleck mittig des Kopfschildes

Lebensraum:
warme, trockene Standorte

Lebensweise:
Nistgänge werden in das Mark dürrer Stängel genagt

Kuckucksbiene:
unbekannt

Blütenvorliebe:
Glockenblumen, Hülsenfrüchtler, Raublattgewächse, Rosengewächse

Ceratina cucurbitina ist wegen des schwarzen, nicht metallisch glänzenden Körpers eindeutig von den beiden weiteren in Deutschland lebenden Keulhornbienen-Arten zu unterscheiden. Diese glänzen metallisch grün oder blau.

Pflanzenstängel wie die der Brombeere, Königskerze, Rose, Holunder oder Distel werden von der Schwarzglänzenden Keulhornbiene an frei zugänglichen Bruchstellen angenagt und besiedelt. Das Mark der Stängel wird abgenagt und als Zwischenwandmaterial für die einzelnen Zellen benutzt. In einer Zelle befindet sich die Larve mitsamt dem Proviant. Diese entwickelt sich innerhalb von ein bis zwei Monaten, so begegnen sich Weibchen und Jungtiere, bevor die Weibchen sterben. Die Jungtiere überwintern in Gruppen von bis zu 30 Individuen. Daher ist es wichtig, trockene Pflanzenstängel über den Winter stehen zu lassen, oftmals sind sie gefüllt mit überwinternden Wildbienen.

Wenn vertrocknete Pflanzstängel im Garten stören, können diese locker gebündelt an einen sonnigen Platz gestellt werden. Wichtig ist hier, dass die Stängel nicht in einem Kübel stehen, der mit Regenwasser vollaufen könnte, die Brut würde verschimmeln.

Ein Weibchen am Gewöhnlichen Natternkopf *Echium vulgare*.

GARTEN-MASKENBIENE *Hylaeus hyalinatus*

Flugzeit: Mai-September / **Vorkommen:** sehr häufig / ungefährdet / **Größe:** 5-7mm
Blütenbesuch: vermutlich unspezialisiert

Großes Foto links: Die Paarung der Garten-Maskenbiene auf der Blüte des Flachblatt-Mannstreu *Eryngium planum*.

Links oben und Mitte: Die Fotos zeigen, wie Maskenbienen den gesammelten Pollen und Nektar verarbeiten indem sie die Masse unzählige Male hervorbringen und wieder einsaugen. Sie sammeln Pollen und Nektar in einem Kropf, da sie keinen Sammelapparat zur Pollensammlung besitzen.

Ein Weibchen in einer Storchschnabelblüte.

Erkennungsmerkmale:

♀ Kopf und Körper schwarz / Gesichts-Seitenflecken weiß bis gelb / zwei gelbe Flecken am Flügelansatz / Mesonotrum (Rücken) grob punktiert, glänzend / Hinter-Tibia (Bein) mit gelben Flecken

♂ wie das Weibchen / Gesichtsmaske weiß bis gelb / Kopf trapezförmig / Scapus (Fühlerschaft) verdickt

Lebensraum:

Gärten, Waldränder, Sand-, Kies- und Lehmgruben, Ruderalflächen und Brachland

Lebensweise:

nistet in vorhandenen Hohlräumen, Mauerritzen, Felsspalten, Käferfraßgängen in Totholz, hohlen Pflanzenstängeln

Parasitoide:

Schmalbauchwespen (*Gasteruptionidae*)

Blütenvorliebe:

besondere Vorliebe für Dickblattgewächse, Glockenblumengewächse, Korbblütler, Kreuzblütler, Resedagewächse, Rosengewächse

Maskenbienen können wegen des schwarzen Körpers, ihrer geringen Größe und der typisch großflächigen Gesichtsmaske des Männchens eindeutig im Feld als Maskenbienen erkannt werden. Die Weibchen tragen nur reduzierte Streifen oder Flecken als Zeichnung im Gesicht. Meist ist die Farbe der Gesichtszeichnung weiß bis gelblich, deutlich weniger Arten tragen eine eindeutig gelbe Maske.

Die genauere Zuordnung der unterschiedlichen Hylaeus-Arten gestaltet sich allerdings als recht schwierig. Viele sehen sich zum Verwechseln ähnlich. Auch über die Pflanzenwahl kann hier nicht sicher bestimmt werden. Die meisten Hylaeus-Arten sind vermutlich nicht pflanzenspezialisiert, fliegen demnach viele verschiedene Pflanzengruppen an.

Die Garten-Maskenbiene gilt als weit verbreitete, sehr häufige Art. Als Nistplatz sucht sie beispielsweise nach Käferfraßgängen in Sand-, Löß- & Lehmwänden. Sie besiedelt aber auch Hohlräume in Mauerritzen, Mörtelfugen, Steilwänden und Trockenmauern.

Männchen

Weibchen

Ein Männchen auf der Färber-Hundskamille *Anthemis tinctoria.*

GROBPUNKTIERTE MASKENBIENE *Hylaeus punctatus*

Flugzeit: **Mai-August** / Vorkommen: **mäßig häufig** / **ungefährdet** / Größe: **5-6 mm**
Blütenbesuch: **spezialisiert**

Ein Weibchen im Pyrenäen-Storchschnabel *Geranium endressii.*

Das Männchen mit der typischen Gesichtsmaske. Diese ist weiß und reduziert, meist reicht sie gerade endend nur bis zur Höhe der Clypeusbasis.

Erkennungsmerkmale:

♀ Gesicht kurz und trapezförmig / Gesichts-Seitenflecken hellgelb, klein, dreieckig, unten dem Clypeus anliegend, oftmals fehlend / Tergit 1 glatt und punktlos bis zerstreut flach punktiert mit Seitenfransen

♂ Kopf stark konvergierend / Augenabstand oben beinahe doppelt so breit wie unten / Maske weiß und reduziert, meist nur bis zur Höhe der Clypeusbasis reichend / Stirnschildchen meist schwarz / Seitenflecken reichen nicht bis zur Fühlerbasis

Lebensraum:
Waldränder, Ruderalflächen, Bahnareale, Siedlungsgebiete

Lebensweise:
nistet in verschiedenen Hohlräumen

Parasitoide:
unbekannt

Blütenvorliebe:
Feld-Mannstreu, Fetthenne, Giersch, Margerite, Pastinake, Pyrenäen-Storchschnabel, Wald-Engelwurz, Wilde Möhre, Wildkresse, Wilde Resede

Hylaeus punctatus gilt als eine relativ seltene Art ihrer Gattung. In Deutschland wurde sie am Oberrhein als häufig vorkommend gemeldet. Die meisten dieser Nachweise vom Oberrhein liegen beinahe drei Jahrzehnte zurück und stammen aus der Zeit nach 1990. Ein weiterer Fund aus dem Jahr 1994 [Schmid-Egger et al. 1995] markierte lange Zeit die Nordgrenze der Verbreitung dieser Maskenbienen-Art. In den Mittelmeerländern ist sie weit verbreitet.

2020 konnte die Grobpunktierte Maskenbiene durch Andrea Jakubzik und Dr. Klaus Cölln für Nordrhein-Westfalen nachgewiesen werden. Gefunden wurde *Hylaeus punctatus* im Zuge eines Monitoringprojektes in Wuppertal am Eskesberg. Durch diesen Fund hat diese Art jetzt auch als Teil der Fauna des Süderberglandes zu gelten. In unserem Garten beobachte ich diese Art seit Anfang August 2021. Eine ihrer Lieblingspflanzen unseres Gartens ist der rosafarbene Pyrenäen-Storchschnabel.

Männchen

Weibchen

Ein Männchen im Pyrenäen-Storchschnabel
Geranium endressii.

RESEDEN-MASKENBIENE *Hylaeus signatus*

Flugzeit: Mai-August / Vorkommen: häufig / ungefährdet / Größe: 7-9 mm
Blütenbesuch: streng spezialisiert

Weibchen an der Gelben Resede *Reseda lutea*, auch Wilde Resede, Färber-Resede, Gelber Wau oder Wilder Wau genannt.

Männchen auf einer Margerite.

Erkennungsmerkmale:

♀ Kopf und Körper schwarz / Flügel glashell / Endsternum [Hinterleibs Endtergit] dicht weiß behaart / Seitenflecken im Gesicht weißgelb bis gelb, oben abgestutzt

♂ ähnlich dem Weibchen / Kopf rund / Gesichtsmaske weiß / Scapus [Fühlerschaft] meist hell gezeichnet / Hinterbeine überwiegend schwarz

Lebensraum:
Ruderalflächen und Brachland, Sand- und Lehmgruben, Gleisanlagen, Siedlungsgebiete, Steinbrüche, Ackersäume

Lebensweise:
nistet in vorhandenen Hohlräumen wie Käferfraßgängen in Totholz, Löchern in Steilwänden, hohlen Stängeln von holzigen Pflanzen, Mauerfugen

Parasitoide:
Schmalbauchwespen [*Gasteruptionidae*]

Blütenvorliebe:
streng spezialisiert auf Resedearten
Wilde Resede, Färber-Resede, Wohlriechende Resede, Weiße Resede

Die wilde Resede ist in Deutschland recht häufig zu finden, daher hat diese streng spezialisierte Maskenbiene keine Schwierigkeiten, an ihre auserwählte Nahrungsquelle zu gelangen. Die Gartenresede Reseda odorata, auch Duftresede genannt, wird ebenfalls von ihr angeflogen.

Sechsunddreißig unterschiedliche Maskenbienenarten gibt es in Deutschland. Diese besonders kleinen Wildbienen transportieren ihre Pollenvorräte nicht an den Beinchen oder unter dem Bauch, wie es viele andere Arten tun. Sie verschlucken Pollen und Nektar, um dieses Gemisch in ihrem Kropf zu transportieren. Im Nest werden die gesammelten Vorräte einfach ausgespuckt.

Mit etwas Glück kann man schlafende Männchen einzeln oder in kleinen Gruppen an Pflanzenstängeln beobachten.

Männchen

Weibchen

Ein Weibchen an der Gelben Resede
Reseda lutea.

ZARTE SCHÖNHEITEN, DIE VIEL POLLEN UND NEKTAR ZU BIETEN HABEN

Die hellblau bis blauviolett blühende **Rainfarn-Phazelie** ist nicht heimisch in Deutschland. Die ursprünglich aus der „Neuen Welt" stammende Pflanze findet ihre Verwendung als Imkerpflanze und Bodenverbesserer. Die sehr ertragreiche Bienentrachtpflanze produziert ähnlich viel Nektar wie Raps oder Buchweizen.

Etwa 130 Arten der **Esparsette** sind bekannt und in Europa, Nordafrika, Zentralasien und Kleinasien beheimatet. Lange vor der Industrialisierung der Landwirtschaft galt die Esparsette als beliebte, sehr nahrhafte Futterpflanze für Pferde und Wiederkäuer, da sie reich an essenziellen Aminosäuren ist und wichtige Vitamine enthält. Das Multitalent bietet zudem sehr viel Nahrung für Wildbienen und Schmetterlinge.

Das zarte **Taubenkropf-Leimkraut** gibt vor allem in den Abendstunden und nachts ihren kleeartigen Duft ab, um Insekten wie Falter und Bienen anzulocken. Um tief in der Blüte an den Nektar zu gelangen, wird die Blüte nicht selten einfach angebissen. Das entstandene Loch gibt Wildbienen wie den Hummeln den Zugang zum Nektar frei. Die Blüte wird auf diese Weise nicht befruchtet [Nektarraub]. Etwa 38 Schmetterlingsarten besuchen die Blüten! Darunter einige seltene Arten wie der Geschmückte Taubenkropf-Blütenspanner oder die Dunkelgelbe Nelkeneule.

Wer eine größere Wiesenfläche zur Verfügung hat, kann diese im Frühsommer mit dem **Schlangen-Knöterich** rosa einfärben. Mit dieser robusten Pflanze kann in weitläufigen Gärten und Parkanlagen ein wunderbar kompakter Blütenteppich angelegt werden. Die Pflanze erreicht eine Höhe von ca. 70 cm und blüht nach einem ersten Rückschnitt zuverlässig ein zweites Mal. Im Beet breitet sie sich flächig aus und benötigt durchsetzungsfreudige Nachbarpflanzen.

Die kleinblütige, Nektar führende **Hopfen-Luzerne**, auch Hopfenklee genannt, wird hauptsächlich von kleinen Wildbienen bestäubt. Sie ist kein Unkraut, sondern eine berechenbare und unkomplizierte heimische Pflanze für den Naturgarten.

Der **Wiesen-Pippau** hat eine recht lange Blühzeit, sodass er als gute Bienenweidepflanze gilt. Das Korbblütengewächs wird von vielen verschiedenen Wildbienenarten angeflogen.

Den **Wiesen-Rotklee** finden wir in Fettwiesen, auf Feldern und in lichten Wäldern. Er produziert einen besonders zuckerreichen Nektar. Die Blüten werden vor allem von Hummeln und Schmetterlingen angeflogen, da sie mit ihren langen Rüsseln problemlos an den Nektar gelangen.

Rainfarn-Phazelie
Phacelia tanacetifolia
Rauhblattgewächse

Mai - September

Sonne / Halbschatten

Nektar ★★★★
Pollen ★★★

Esparsette
Onobrychis
Schmetterlingsblütler

Mai - Juli

Sonne

Nektar ★★★★
Pollen ★★★★

Taubenkropf-Leimkraut	**Schlangen-Knöterich**	**Hopfen-Luzerne**	**Wiesen-Pippau**	**Wiesen-Rotklee**
Silene vulgaris	*Bistorta officinalis*	*Medicago lupulina*	*Crepis biennis*	*Trifolium pratense*
Nelkengewächse	Knöterichgewächse	Schmetterlingsblütler	Korbblütengewächse	Schmetterlingsblütler
Mai - September	Mai - August	Mai - September	Mai - September	Mai - August
Sonne / Halbschatten	Sonne / Halbschatten	Sonne	Sonne / Halbschatten	Sonne / Halbschatten
Nektar ★	Nektar ★ ★ ★	Nektar ★ ★ ★	Nektar ★ ★	Nektar ★ ★ ★
Pollen ★	Pollen ★ ★	Pollen ★	Pollen ★ ★	Pollen ★ ★ ★

Der **Wald-Scheinmohn** gilt in Deutschland als verwilderte Zierpflanze. Er liebt feuchte, schattige Plätze unter Bäumen und in Wäldern, daher eignet sich die schöne Blühpflanze für Schattengärten.

Der heimische **Klatschmohn** ist Blume des Jahres 2017. Mit der Wahl des Klatschmohns soll auf die Gefährdung und den Verlust von Ackerwildpflanzen aufmerksam gemacht werden. Früher waren uns die strahlend roten Blüten zwischen Getreidehalmen vertraut. Heute sieht man sie leider nur noch vereinzelt. Die seltene Mohn-Mauerbiene *Hoplitis papaveris* verwendet als Baumaterial fast ausschließlich Blütenblätter des Klatschmohn, der Kornblume, der Moschus-Malve oder des Sonnenröschens.

Das **Wald-Habichtskraut** wächst in Wäldern, an Waldrändern, auf Gebirgswiesen, auf Ruderalflächen oder in Gehwegritzen. Es ist eine sehr anpassungsfähige Pflanze aus der großen Familie der Korbblütler. Sie blüht bis in den August hinein.

Der **Gelbe Lerchensporn** ist ein Dauerblüher. Wer einen Schattengarten besitzt, kann sich freuen. Der anspruchslose Lerchensporn mag diese ebenso wie sonnige Lagen. Besonders schön ist das 2- bis 3-fach gefiederte, zarte Laub der Pflanze. Sie gilt als etabliert neophytisch vorkommende Pflanze. Es wird vermutet, dass der Gelbe Lerchensporn ursprünglich aus den südlichen Alpen stammt.

Auf mageren, frischen Wiesen wächst die zarte **Wiesen-Glockenblume**. Sie bevorzugt extensiv genutzte Flächen. Leider gehört auch sie zu den Pflanzen, die selten geworden sind und einen Platz auf der Roten Liste bedrohter, heimischer Arten gefunden hat. In sonniger Lage kann sie wunderbar in die magere Gartenwiese oder in ein Beet gepflanzt werden. Die zweijährige Pflanze ist ausgesprochen anspruchslos und mag besonders die kahlen, sonnigen Plätze im Garten.

Der **Echte Beinwell** ist eine der ältesten bekannten Heilpflanzen, die vor allem bei Gelenkschmerzen verwendet wird. Bereits seit der Antike wurde die Heilpflanze zur Behandlung von Wunden eingesetzt. Die Beinwell-Sandbiene *Andrena symphyti* ist auf Raublattgewächse spezialisiert, neben dem Gewöhnlichen Beinwell und dem Kotenbeinwell besucht sie die Lotwurz und die Kleine Wachsblume.

Der **Balkan-Storchschnabel** gilt als eingebürgerter Neophyt. Die Blüten variieren von weißlich Rosa bis Karminrot und erscheinen zahlreich. Da die Pflanze sehr robust ist und sich stark ausbreitet, wird sie oft im öffentlichen Raum, in Parks und zur Unterpflanzung von Straßenbäumen verwendet. Immerhin bietet sie – im Gegensatz zu vielen anderen Exoten, die auf öffentlichen Flächen eingesetzt werden – Honigbienen, Hummeln und anderen Insekten Nahrung.

Wald-Scheinmohn
Meconopsis cambrica
Mohngewächse gelb/orange

Mai - Juli

Schatten / Halbschatten

Nektar -
Pollen ★ ★ ★

Klatschmohn
Papaver rhoeas
Mohngewächse

Mai - Juli

Sonne

Nektar -
Pollen ★ ★ ★

Wald-Habichtskraut
Hieracium sylvaticum
Korbblütengewächse

Mai - August

Sonne / Halbschatten

Nektar ★
Pollen ★

Gelber Lerchensporn
Corydalis lutea
Mohngewächse

Mai - Oktober

Sonne / Halbschatten

Nektar ★ ★
Pollen ★ ★

Wiesen-Glockenblume
Campanula patula
Glockenblumengewächse

Mai - Juli

Sonne

Nektar ★ ★
Pollen ★ ★

Echter Beinwell
Symphytum officinale
Raublattgewächse

Mai - Oktober

Sonne / Halbschatten

Nektar ★ ★
Pollen ★

Balkan-Storchschnabel
Geranium macrorrhizum
Storchschnabelgewächse

Mai - September

Sonne / Halbschatten

Nektar ★ ★
Pollen ★ ★

Ab Ende Mai blüht die gelbe **Wiesen-Platterbse**. Die mehrjährige „Schmetterlingsblume mit Klappmechanismus", deren Pollen an der Griffelbürste abgelagert wird, wird hauptsächlich von Hummeln bestäubt. Sie kann eine Wuchshöhe von bis zu einem Meter erreichen. Ihre Samenfrüchte heizen sich bei Sonnenstrahlung auf, platzen und werden so im Idealfall in die Ferne geschleudert.

Den Namen **Kuckucks-Lichtnelke** verdankt diese schöne Wildstaude der Tatsache, dass sie zu blühen beginnt, wenn der Kuckuck nach seinem Winteraufenthalt wieder in unsere Gegenden zurückkehrt. Sie mag sonnige Lagen auf feuchten Wiesen und erreicht eine Wuchshöhe von 10-60 cm. Im Garten sollte sie ausreichend bewässert werden.

Die **Wiesen-Witwenblume** ist vielseitig einsetzbar und recht anpassungsfähig. Sie kann in ein Beet oder auch in die Wiese gepflanzt werden. Witwenblumen und Skabiosen sind schwer voneinander zu unterscheiden – genauer betrachtet erkennt man jedoch, dass die Einzelblüten der Witwenblume nur vier Kronblattzipfel haben, während es bei der Skabiose fünf sind. Die Knautien-Sandbiene *Andrena hattorfiana*, die Skabiosen-Sandbiene *Andrena marginata* und die Knautien-Hosenbiene *Dasypoda suripes* sind auf diese Blüten spezialisiert.

Eine wunderschöne, aufrechte Wildstaude für lichte, halbschattige Gärten ist das heimische **Immenblatt**. Am Gehölzrand im naturnahen Garten stechen ihre auffällig großen Blüten reinweiß, rosa oder dunkelrot hervor. Sie mag einen warmen Standort und kalkreichen, lockeren, humosen oder steinigen Lehmboden. In unserem Garten fühlt sie sich nahe einer Hauswand sehr wohl und belohnt uns jedes Jahr mit unzähligen Blüten.

Zierlauch gehört zu den imposantesten und wirkungsvollsten Lauchgewächsen. Es gibt unzählige Arten, kleinwüchsige und Riesige. Die meisten davon sind einheimisch. Sie werden von vielen Wildbienenarten aufgesucht. Eine davon ist streng auf Allium spezialisiert: die Lauch-Maskenbiene *Hylaeus punctulatissimus*.

In der freien Natur steht die **Berg-Flockenblume** unter Naturschutz. In unseren Gärten breitet sich die pflegeleichte Schönheit durch Versamung gerne aus. Sie verträgt Trockenheit, mag also einen sonnigen Platz im Garten mit lockerem, humusreichem Boden.

Rosmarin – nicht heimisch, aber eine Pflanze, die sicher in jedem Kräutergarten zu finden ist. Kommt sie zur Blüte, wird sie wie fast alle Kräuter, gerne von Wildbienen und Schmetterlingen aufgesucht.

Wiesen-Platterbse
Lathyrus pratensis
Schmetterlingsblütler

Mai-August

Halbschatten

Nektar ★★
Pollen ★

Kuckucks-Lichtnelke
Lychnis flos-cuculi
Nelkengewächse

Mai-Juli

Sonne

Nektar ★★★
Pollen ★★★

Wiesen-Witwenblume
Knautia arvensis
Geißblattgewächse

Mai-August

Sonne

Nektar ★
Pollen ★

Immenblatt
Melittis melissophyllum
Lippenblütler

Mai-Juni

Sonne / Halbschatten

Nektar ☆
Pollen ☆

Zierlauch
Allium
Amaryllisgewächse

Mai-Juli

Sonne

Nektar ★ ★ ★
Pollen ★ ★

Berg-Flockenblume
Centaurea montana
Korbblütengewächse

Mai-Oktober

Sonne / Halbschatten

Nektar ★ ★ ★
Pollen ★ ★

Rosmarin
Rosmarinus officinalis
Lippenblütler

Mai-Juli

Sonne

Nektar ★ ★ ★
Pollen ★

Eine unkomplizierte Gartenschönheit – die **Akelei**. Über 70 Arten gibt es insgesamt. Viele davon finden sich in unseren Gärten wieder. Die Nektardrüse der Blüten befindet sich in der Spitze des nach hinten gekrümmten Sporns. Nur Insekten mit langem Rüssel können an diesen Nektar gelangen. Daher ist sie eine typische Hummelblüte. Aber auch Schwärmer, wie das Taubenschwänzchen, werden angelockt. Die Pflanze breitet sich gerne aus und ist daher besonders für Wildwiesen geeignet. Sie fühlt sich auch im Schatten wohl.

Erst am Abend oder bei schlechtem Wetter am Nachmittag öffnet die **Weiße Lichtnelke** ihre Blüten, daher wird sie auch Nacht-Lichtnelke genannt. Langrüsselige Nachtfalter lockt sie dann mit ihrem intensiven Blütenduft an, daher gilt sie als typische Nachtfalterblume.

Anders sieht es bei der **Roten Lichtnelke** aus. Sie blüht hauptsächlich für tagaktive Insekten wie Hummeln und Schmetterlinge. Hummeln mit kurzem Rüssel beißen von außen ein Loch in die Kelchwand, um an den Nektar zu gelangen.

Besucht eine Biene die Blüten des **Hain-Salbei** oder **Wiesen-Salbei**, wird ein besonderer Mechanismus ausgelöst, der eine Bestäubung garantieren soll. Die Biene findet einen Sitzplatz auf der Unterlippe der Blüte, die helmförmige Oberlippe klappt nach unten und pudert das Insekt mit einer Portion Blütenstaub ein. Jede Blüte hält circa zwölf Pollenportionen bereit. Bei jedem Insektenbesuch wird nur eine Portion des Pollen abgegeben.

Die **Weißfilzige Garten-Flockenblume** ist eine großblütige, anspruchslose und trockenheitsverträgliche Zierstaude mit langer Blütezeit. Die mehrjährige Pflanze blüht ab Ende Mai bis weit in den Oktober hinein. Die aufrecht wachsende, horstbildendende Gartenstaude mag einen sonnigen Platz im Beet mit Wildstaudencharakter oder einen Platz am sonnigen Gehölzrand. Locker-humose, relativ nährstoffreiche Böden sorgen für einen optimalen Wuchs.

Das **Echte Leinkraut**, auch Kleines Löwenmaul genannt, liebt locker sandige Böden. Die Pflanze kann eine Höhe von 40 cm erreichen, ist recht anspruchslos und gilt als Dauerblüher. Man findet sie häufig auf vegetationsarmen Flächen. Die Blüten werden auch „Kraftblüten" genannt. Unterlippe und Oberlippe sind durch ein federndes Gelenk verbunden. Hummeln und größere Wildbienen haben die „Kraft", die Blüten zu öffnen.

Gemeine Akelei
Aquilegia vulgaris
Hahnenfußgewächse

Mai–Juli

Sonne / Halbschatten

Nektar ★ ★ ★
Pollen ★ ★

Schwarzviolette Akelei
Aquilegia atrata
Hahnenfußgewächse

Mai–Juli

Sonne / Halbschatten

Nektar ★ ★ ★
Pollen ★ ★

Weiße Lichtnelke
Silene latifolia
Nelkengewächse

Mai-September

Sonne / Halbschatten

Nektar ★
Pollen ★

Rote Lichtnelke
Silene dioica
Nelkengewächse

April-September

Sonne / Halbschatten

Nektar ★
Pollen ★

Hain-Salbei
Salvia nemorosa
Wiesen-Salbei
Salvia pratensis 'Rose Rhapsody'
Lippenblütler

Mai-August

Sonne / Halbschatten

Nektar ★ ★ ★
Pollen ★

Weißfilzige Garten-Flockenblume
Centaurea hypoleuca
Korbblütengewächse

Mai-Oktober

Sonne

Nektar ★ ★ ★
Pollen ★ ★

Echtes Leinkraut
Linaria vulgaris
Wegerichgewächse

Mai-Oktober

Sonne / Halbschatten

Nektar ★ ★
Pollen ★

Die **Bunte Kronwicke** wird auch als „Pollen-Schmetterlingsblume" bezeichnet, denn sie bietet Insekten ausschließlich Pollen, keinen Nektar. Die pflegeleichte Pflanze wächst auf mageren, trockenen Böden, eignet sich also für den Steingarten oder ein Trockenbeet. Allerdings breitet sie sich stark aus. Ein Rückschnitt im August lässt sie ein weiteres Mal blühen. Bienen wie die Große Harzbiene *Anthidium byssinum* und die Platterbsen-Mörtelbiene *Megachile ericetorum* sind auf Schmetterlingsblütler spezialisiert und besuchen die Bunte Kronwicke.

Der intensive Abendduft der **Nachtviole** lockt nachtaktive Falter zur Bestäubung an. Sie wird jedoch auch am Tage von unterschiedlichen Insekten angeflogen. Sie ist eine wichtige Nahrungspflanze für die Raupen verschiedener Schmetterlinge, wie den Aurorafalter, den Kleinen Kohlweißling oder verschiedene Schleier- und Halbmotten [mottenartige Schmetterlinge]. Die auf Kreuzblütler spezialisierte Schöterich-Mauerbiene *Osmia brevicornis* sammelt ebenfalls den Pollen dieser wunderschönen Blühpflanze.

Der **Weißklee** gilt als wichtige Bienentrachtpflanze, da er sehr viel Nektar und gleichzeitig viel Pollen produziert. Im Gegensatz zum Rotklee können auch Wildbienen mit kurzem Rüssel an den Nektar gelangen. Daher wird sie gerne von Honigbienen und unterschiedlichsten Wildbienen angeflogen. Dazu gehören 8 spezialisierte und über 30 weitere unspezialisierte Wildbienenarten.

Auch der **Inkarnat-Klee** gilt als Trachtpflanze für Honigbienen und Hummeln. Die Pflanze wird zur Gründüngung oder als Futterpflanze angebaut. Ursprünglich stammt sie aus westmediterranen Gebieten, sie wird auch „Italienischer Klee" genannt.

Die **Pfirsichblättrige Glockenblume** darf in keinem Garten fehlen. An ihren bis zu 80 cm hohen Stängeln sitzen wunderschöne reinweiß oder violettblau gefärbte Blüten. Einige Wildbienenarten verbringen die Nacht in den Blütenkelchen. Am frühen Abend oder am Morgen, bevor die Sonnenstrahlen die Staude erreichen, kann man beispielsweise die Männchen der Glockenblumen-Scherenbiene oder die der Kurzfransigen Scherenbiene beim Schlafen beobachten. Wird Verblühtes entfernt, verlängert sich die Blühdauer der Pflanze.

Wer einen naturnahen Garten anlegen möchte, sollte in jedem Fall die **Wiesen-Flockenblume** einplanen. Sie eignet sich für das Beet genauso wie für die Wildwiese. Vor allem am Nachmittag lockt sie unterschiedlichste Bestäuber an. Ein Rückschnitt nach der Blüte auf 8-10 cm fördert das Nachblühen der Pflanze. 7 spezialisierte Wildbienenarten und unzählige weitere Bienenarten sammeln den Pollen der Pflanze.

Der **Echte Steinklee** wächst überall dort, wo die Böden basenreich, kalkhaltig und mäßig stickstoffarm sind. Beispielsweise an sonnigen Plätzen in Steinbrüchen, Bahngeländen, Wegrändern oder Brachland. Sie ist anspruchslos und verträgt Trockenheit. Außerdem ist sie eine Trachtpflanze, die auch für Wildbienen mit kurzem Rüssel und Grabwespen interessant ist, da die Blüten eine recht kurze Kronröhre von nur 2 mm besitzen. Pollenspezialisierte Bienen wie die Dünen-Seidenbiene *Colletes marginatus* und die Luzerne-Sägehornbiene *Melitta leporina* sind neben vielen weiteren Wildbienenarten Besucher der Pflanze.

Bunte Kronwicke
Securigera varia
Schmetterlingsblütler

Mai-September

Sonne

Nektar -
Pollen ★ ★ ★

Gewöhnliche Nachtviole
Hesperis matronalis
Kreuzblütengewächse

Mai-Juli

Halbschatten / Schatten

Nektar ★ ★
Pollen ☆

MAI

BLÜHPFLANZEN

Weißklee
Trifolium repens
Schmetterlingsblütler

Mai-September

Sonne / Halbschatten

Nektar ★ ★ ★ ★
Pollen ★ ★ ★

Inkarnat-Klee
Trifolium incarnatum
Schmetterlingsblütler

Mai-August

Sonne

Nektar ★ ★ ★
Pollen ★ ★ ★

Pfirsichblättrige Glockenblume
Campanula persicifolia
Glockenblumengewächse

Mai-September

Sonne / Halbschatten

Nektar ★ ★
Pollen ★ ★

Wiesen-Flockenblume
Centaurea jacea
Korbblütengewächse

Mai-Oktober

Sonne

Nektar ★ ★
Pollen ★ ★

Echter Steinklee
Melilotus officinalis
Schmetterlingsblütler

Mai-September

Sonne

Nektar ★ ★ ★ ★
Pollen ★ ★ ★

Die **Heckenrose** gilt als häufigste wild wachsende Rosenart in Mitteleuropa. Sie bietet Ihren Pollen uneingeschränkt an und gilt als „Pollen-Scheibenblume". Die gelb leuchtenden Staubbeutel bilden einen schönen Farbkontrast zu den rosafarbenen Blütenblättern. Bestäuber aller Art, mit Ausnahme der Schmetterlinge, werden so gezielt angelockt. Alle Rosen mit gefüllten Blüten bieten dagegen keine Nahrung.

Der **Gewöhnliche Schneeball** bietet gleich zweimal im Jahr Nahrung für unsere Gartentiere. Im Frühjahr trägt der Strauch weiße, nektarreiche Blüten. Zwischen August und November reifen die Beerenfrüchte heran und werden von Vögeln abgesammelt.

Ebenso der reichblühende **Eingriffelige Weißdorn**. Neben zahlreichen nektartragenden Blüten reifen im September die kleinen, beerenartigen Apfelfrüchte heran. Auch hier werden die Früchte von Vögeln, wie der Drossel, gefressen. Für Schmetterlingsraupen wie den Segelfalter oder die Kupferglucke, gilt der Weißdorn als wichtige Futterpflanze.

Die **Fächer-Zwergmispel** wird als invasive Zierpflanze eingestuft und wurde, vermutlich ab 1962 aus China kommend, in Deutschland eingebürgert. Daher ist der Strauch aus ökologischer Sicht eher kritisch zu betrachten. Der Strauch bietet Nahrung für Wildbienen und Honigbienen. Vögel fressen die roten Beeren im Herbst. Dennoch richtet die Ausbreitung des *Cotoneaster horizontalis* in Gebirgslandschaften großen Schaden an.

Die **Echte Moorbeere**, auch Rauschbeere genannt, ist ein kleiner Strauch mit ovalförmigen Blättern, weißlich rosafarbenen Blüten und bereiften, bläulichen Beeren. Die recht kleinen Blüten ähneln sehr den Blüten des Heidekrautes. Kein Wunder – sie stammen aus der gleichen Pflanzen-Familie. Die Heidelbeer-Sandbiene *Andrena lapponica* ist spezialisiert auf Heidegewächse.

Manch einer ist mit dem unbändigen Wuchs des **Blauregen** geradezu überfordert. Um ihn im Zaum zu halten, und um die Blüte anzuregen, kann er im Sommer und im Winter geschnitten werden. Die Kletterpflanze kann bis zu 8 m hoch wachsen. Triebe, die sich zum Beispiel Dachrinnen nähern, sollten Sie sofort zurückschneiden. Die Pflanze ist in der Lage, diese zu beschädigen.

Goldregen – ein typischer Schmetterlingsblütler. Ursprünglich ist der Gartenbaum oder Strauch im südlichen Mitteleuropa beheimatet. Alle Pflanzenteile sind giftig, schwere Vergiftungen jedoch selten, da Erbrechen und Durchfall als Reaktion des Körpers die Giftaufnahme reduziert.

Hecken-Rose
Rosa canina
Rosengewächse

Mai-Juni

Sonne / Halbschatten

Nektar -
Pollen ★ ★ ★

Gewöhnlicher Schneeball
Viburnum opulus
Moschuskrautgewächse

Mai-Juni

Halbschatten

Nektar ★ ★ ★
Pollen ★ ★

MAI

BLÜHPFLANZEN

Eingriffeliger Weißdorn	Fächer-Zwergmispel	Echte Moorbeere	Blauregen	Goldregen
Crataegus monogyna	*Cotoneaster horizontalis*	*Vaccinium uliginosum*	*Wisteria sinensis*	*Laburnum anagyroides*
Rosengewächse	Rosengewächse	Heidekrautgewächse	Schmetterlingsblütler	Schmetterlingsblütler
Mai-Juni	Mai-Juni	Mai-Juni	Mai-Juni	Mai-Juni
Sonne / Halbschatten	Sonne / Halbschatten	Sonne / Halbschatten	Sonne	Sonne
Nektar ★★	Nektar ★★★★	Nektar ★	Nektar ★★	Nektar ★
Pollen ★★	Pollen ★★★	Pollen ★	Pollen ★	Pollen ★★★

Die **Himbeere** ist nicht nur für uns Menschen attraktiv. Jede Menge blütenbesuchende Insekten werden von den duftlosen Blüten der Himbeere angezogen. Sie werden für den Dienst der Bestäubung mit sehr viel Nektar und Pollen belohnt. Damit die Himbeerernte gelingt, sollte die Pflanze an einen sonnigen Ort gepflanzt werden. Bei zu viel Schatten entwickeln sich Blüte und Fruchtstand nur eingeschränkt.

Der **Spitzwegerich** ist „Arzneipflanze des Jahres 2014". Grund für die Auszeichnung sind die in ihm enthaltenen antibakteriellen und blutstillenden Wirkstoffe. Die unscheinbare Pflanze kann eine Wuchshöhe von 50 cm erreichen und fühlt sich in Fettwiesen, am Wegrand und in Äckern wohl. Die Pflanze ist nicht ausschließlich auf die Bestäubung durch Pollen suchende Insekten angewiesen, bietet aber dennoch recht viel Pollen an.

Brombeeren müssen nicht zwangsläufig zur Plage im eigenen Garten werden. Es gibt sehr viele Sorten, die sich nicht ausbreiten. Sie können zum Beispiel wunderbar als Spalier gezogen werden. Die aus dem Kaukasus stammende „Armenische Brombeere" verhält sich jedoch ausgesprochen invasiv. Sie breitet sich stark aus und verdrängt heimische Arten.

Die **Rote Spornblume** ist als dekorative, mehrjährige Blühpflanze ein Magnet für Schmetterlinge, Nachtfalter oder Taubenschwänzchen. Die Pflanzen tragen kraftvoll rote, rosarote oder selten auch weiße Blüten. Die kultivierte Staude stammt ursprünglich aus dem mediterranen Südeuropa und mag einen sonnigen Platz im Garten.

Die **Rapunzel-Glockenblume** gehört zu der großen Familie der Glockenblumengewächse. Die Gattung *Campanula* umfasst weltweit etwa 300 bis 500 Arten. Die Rapunzel-Glockenblume ist in Deutschland heimisch. Sie kann bis zu 100 cm hoch werden und bevorzugt leicht trockene, nährstoffreiche, lehmige Böden. 5 streng spezialisierte Bienenarten besuchen die Blüten der Rapunzel-Glockenblume.

Preiselbeeren wachsen als immergrüne Zwergsträucher in Mooren, Bergheiden und in alpinen Fichten- und Kiefernwäldern. Sie kommt mit sonnigen Lagen ebenso zurecht wie mit schattigen Standorten. Die Bestäubung der Pflanze erfolgt über Insekten. Eines davon ist die Heidelbeer-Lockenbiene.

Himbeere
Rubus idaeus
Rosengewächse

Mai-Juli

Sonne / Halbschatten

Nektar ★ ★ ★ ★
Pollen ★ ★ ★

Spitzwegerich
Plantago lanceolata
Wegerichgewächse

Mai-September

Schatten / Halbschatten

Nektar
Pollen ★ ★ ★

MAI

BLÜHPFLANZEN

Brombeere
Rubus fruticosus agg.
Rosengewächse

Mai-Juni

Sonne / Halbschatten

Nektar ★ ★ ★
Pollen ★ ★ ★

Rote Spornblume
Centranthus ruber
Geißblattgewächse

Mai-Juli

Sonne / Halbschatten

Nektar ★ ★ ★
Pollen ★ ★

Rapunzel-Glockenblume
Campanula rapunculus
Glockenblumengewächse

Mai-Juli

Sonne bis Halbschatten

Nektar ★ ★
Pollen ★ ★

Preiselbeere
Vaccinium vitis-idaea
Heidekrautgewächse

Mai-Juli

Sonne / Halbschatten

Nektar ★
Pollen ★

GARTEN-WOLLBIENE

Anthidium manicatum

Das Weibchen hebt in typischer Abwehrhaltung die Beine, um das Männchen abzuwehren. Dieses interessiert sich vielmehr für den Blütennektar als für das bereits Pollen sammelnde, demnach begattete Weibchen.

6

JUNI

GARTEN-WOLLBIENE *Anthidium manicatum*

Flugzeit: Juni-September / Vorkommen: häufig / ungefährdet / Größe: ♀10-13 mm ♂14-18 mm
Blütenbesuch: eingeschränkt polylektisch

Großes Foto links: Ein Männchen bei der Nahrungsaufnahme.

Links: Ein Weibchen beim Sammeln der Wolle an der Kronen-Lichtnelke *Silene coronaria*. Hat sie genügend Wolle gesammelt, fliegt sie mit der Wollkugel in Richtung ihres Nestes davon. Die Wolle wird während des Fluges mit den Beinchen unter dem Bauch festgehalten.

Paarung: Die Männchen der Garten-Wollbiene umrunden wie kleine Hubschrauber unermüdlich ihre bevorzugten Nahrungspflanzen, immer auf der Suche nach einem Paarungswilligen Weibchen.

Erkennungsmerkmale:

♀ Kopf wenig behaart / zwei gelbe Streifen am Hinterkopf / Thorax schwarz / Bauchbürste gelblich / gelbe Zeichnung auf Thoraxoberseite / Hinterleib mit bindenartigen gelben Flecken / breiter Kopf / Gesichtsmaske gelb, in der Mitte schwarz unterbrochen

♂ wie das Weibchen, aber größer / Gesichtsmaske gelb, oben mittig schwarzer Fleck / Dreizack am Endtergit (Hinterleibsende) / Brust braun behaart

Lebensraum:
Gärten, Parks, Waldsäume, Sand-, Kies- und Lehmgruben, Hochwassergebiete

Lebensweise:
nistet in vorhandenen Hohlräumen

Kuckucksbiene:
Düsterbiene *Stelis punctulatissima*

Blütenvorliebe:
Braunwurzgewächse, Schmetterlingsblütler, Lippenblütler

In Deutschland gibt es neun verschiedene Harz- und Wollbienenarten. Einige von ihnen, wie die hier abgebildete Gartenwollbiene, verwenden zum Bau ihrer Brutzellen Pflanzenwolle. In Form kleiner Kügelchen wird die Wolle zum Nest geflogen und anschließend mit pflanzlichen Drüsensekreten imprägniert, vermutlich um die Brut vor Pilzbefall, Bakterien, Feuchtigkeit und parasitoiden Wespen zu schützen. Dies ist jedoch noch nicht abschließend erforscht.

Um Pflanzenwolle zu sammeln, besucht sie gerne pelzige Pflanzen wie Wollziest, Kronenlichtnelke, Salbei, Königskerze oder den Wolligen Fingerhut. Findet sie in Ihrem Garten, was sie sucht, werden Sie ihr auffälliges Verhalten beobachten können, denn die Männchen reagieren recht angriffslustig auf männliche Konkurrenz, ebenso drastisch abweisend auf Futterkonkurrenten. Ihrer Meinung nach haben alle anderen Bienen bis auf einige Weibchen, nichts an ihren Nahrungspflanzen zu suchen und das zeigen sie sehr deutlich.

Dreizack am Endtergit des Männchens

Ein Pärchen auf dem Heil-Ziest
Betonica officinalis.

AUEN-SCHENKELBIENE *Macropis europaea*

Flugzeit: Juni-August / **Vorkommen:** mäßig häufig / ungefährdet / **Größe:** 8-9 mm
Blütenbesuch: streng spezialisiert

Das große Foto dieser Seite zeigt zwei schlafende Männchen in den Blüten des Gewöhnlichen Gilbweiderich *Lysimachia vulgaris*.

Die kleineren zwei Fotos zeigen Weibchen. Diese sind über die Behaarung der Hinterschienen von der sehr ähnlichen Art *Macropis fulvipes* zu unterscheiden.

Macropis europaea trägt auffällig weiß behaarte Hinterschienen, die Fersen sind tiefschwarz.

Macropis fulvipes besitzt weniger Kontrastreich gefärbte, gelbbraun behaarte Hinterschienen.

Erkennungsmerkmale:

♀ Kopf und Thorax schwarz, schütter behaart / Tergit glänzend kahl, mit weißen schmalen Binden auf Tergit 3 und 4 / Tergit 3 mittig unterbrochen / Endfranse mittig schwarz, seitlich weiß / Hinterschienen auffällig weiß behaart / Fersen tiefschwarz

♂ Kopf und Thorax schwarz mit gelbgrauer Behaarung / Gesicht gelb gezeichnet / Tergite 3-5 mit hellen Endbinden / Tergit 3 mittig unterbrochen

Lebensraum:
feuchte Standorte mit Gilbweiderichbewuchs, Flußauen, Feuchtwiesen, Siedlungsbereiche

Lebensweise:
nistet in selbstgegrabenen Nestern in der Erde, unter Moos, in Böschungen

Kuckucksbiene:
Schmuckbiene *Epeoloides coecutiens*

Blütenvorliebe:
zur Versorgung der Brut streng spezialisiert auf den Gewöhnlichen- und Punktierten Gilbweiderich

Ihre Nektarquellen sind:
Acker-Kratzdistel, Echter Dost, Gewöhnlicher Blutweiderich, Sumpf-Storchschnabel, Sumpf-Kratzdistel

Auen-Schenkelbienen sind streng spezialisiert auf den Gewöhnlichen Gilbweiderich, in zweiter Wahl nutzen sie ebenso den Punktierten Gilbweiderich. Gilbweiderichgewächse gehören zu den Ölblumen, diese produzieren keinen Nektar, sondern Öl. Schenkelbienen sammeln zur Versorgung ihrer Brut das Öl der Pflanze mithilfe von Saugpolstern an ihren Mittelbeinen, vermischen Pollen und das Öl zu einer klumpigen Masse und transportieren das Gemisch mit ihren großen Hinterschenkelbürsten in ihre Brutzellen.

Da der Gilbweiderich keinen Nektar liefert, muss die Schenkelbiene zur eigenen Ernährung auf andere Pflanzen ausweichen. Hier bevorzugt sie den Blutweiderich, den Sumpf-Storchschnabel oder die Acker- bzw. Sumpf-Kratzdistel.

Mein Tipp: Kombinieren Sie die zuvor genannten Stauden an feuchten Standorten in Ihrem Garten. Sie schaffen damit einen wichtigen Lebensraum für die Auen-Schenkelbiene und für die in Gärten häufiger vorkommende Wald-Schenkelbiene *Macropis fulvipes*. Letztere sammelt ebenso am Pfennigkraut.

Ein schlafendes Männchen in der Frontalansicht.

Am frühen Morgen oder am Abend können Sie schlafende Männchen in den Blüten des Gilbweiderich oder in den Blüten des Storchschnabel beobachten. Teilweise schlafen sie gesellig zu mehreren Tieren nahe beieinander.

BUCKEL-SEIDENBIENE Colletes daviesanus

Flugzeit: **Juni-September** / Vorkommen: **häufig / ungefährdet** / Größe: **7-9 mm**
Blütenbesuch: **spezialisiert**

Großes Foto dieser Seite: Die Geste des Weibchens während der Paarung könnte bedeuten – es hat geklappt. Die hinteren Beine streckt es nach außen, die Vorderen ragen in die Höhe.

Das Foto links oben zeigt ein Weibchen. Deutlich zu sehen ist das typische Erkennungsmerkmahl, welches Weibchen dieser Art von anderen auf Korbblütler spezialisierte Colletes-Arten unterscheidet. Auf dem Brustrücken trägt es eine glänzende Erhebung, den namensgebenden Buckel.

Links unten: Bei der Paarung der Buckel-Seidenbiene geht es rasant zu. Meist entsteht ein Wildbienenknäuel, wenn sich mehrere Männchen gleichzeitig auf ein Weibchen stürzen.

Erkennungsmerkmale:

♀ Kopf und Thorax seitlich hell, gräulich gelb behaart / Hinterleib mattschwarz mit deutlichen hellen Haarbinden / Abdomenende zugespitzt / Mesonotum (Rücken) buckelig mit kahler Stelle / Gesicht breit

♂ wie das Weibchen, aber insgesamt gräulicher behaart und schlanker / Sternit 6 mit zwei behaarten, seitlichen Höckern / Hinterleib stumpf

Lebensraum:
Sand-, Kies- und Lehmgruben, Steinbrüche, Sandsteinmauern, Ruderalflächen, Siedlungsbereiche

Lebensweise:
selbstgegrabene Erdnester in Steilwänden oder vegetationsarmen Hängen, solitäre Nistweise oft in größeren Kolonien

Kuckucksbiene:
Filzbiene *Epeolus variegatus*,
Fleischfliege *Miltogramma punctatum*

Blütenvorliebe:
spezialisiert auf Korbblütler, vor allem Kamille, Rainfarn, Alant, Aster, Schafgarbe

Die Buckel-Seidenbiene gehört zu den oligolektischen, also pollenspezialisierten Wildbienenarten. Sie sammelt Nektar- und Pollenproviant mithilfe ihrer Haarbürste an den Hinterschienen sowie in Körbchen, die auf der Unterseite der Hinterschenkel sitzen. Dabei ist sie sehr wählerisch, denn infrage kommen ausschließlich *Asteroideae* aus der Familie der Korbblütler. Seit der Rainfarn einen Platz in unserem Garten bekommen hat, besuchen die Buckel-Seidenbienen Jahr für Jahr unseren Garten.

Ihren Namen verdankt sie dem buckeligen, leicht gewölbten Rücken und der Bauweise ihrer Brutzellen. Diese sind mit einer zellophanartig „seidigen" Auskleidung versehen. Die Schichten dieser Zellwandauskleidung bildet sie mithilfe verschiedener, selbstproduzierter Sekrete, die aushärten und die Wände stabilisieren. Ihre Nester baut sie in Steilwänden, vertikalen Bodenflächen oder an Abbruchkanten.

Auch Nisthilfen werden von ihr angenommen, diese sollten aus Löß, Lehm oder Sandstein bestehen. Die Entnahme von Löß aus der Natur sollte verantwortungsvoll geschehen und ausschließlich nur dort stattfinden, wo ausreichende Mengen vorhanden sind.

Ein mit Pollen bepacktes Weibchen auf den Blüten des Rainfarn.

GEWÖHNLICHE FILZBIENE *Epeolus variegatus*

Flugzeit: **Juni-September** / Vorkommen: **selten** / **Vorwarnliste** / Größe: **6-8 mm**
Nektarquellen: **diverse Korbblütler** / Pollenquellen: **die der Wirtsbienen**

Ein Weibchen auf der Sand-Strohblume *Helichrysum arenarium.*

Schlafendes Männchen

Erkennungsmerkmale:

♀ Kopf und Thorax schwarz / gewölbter Thorax mit zwei hellen Längsstreifen im Nacken / dunkelroter Fleck auf Thorax Scutellum / Hinterleib mit weißen Filzflecken / zwei helle Punkte am Flügelansatz / rötliche Beine / rotbraune Augen

♂ wie das Weibchen, mit heller Augenfarbe / dunkelroter Fleck auf Thorax Scutellum ist kleiner

Lebensraum:

Brachen, Ruderalflächen, Steinbrüche, Gärten, Sand-, Kies- und Lehmgruben

Lebensweise:

Kuckucksbiene, lebt in den Habitaten ihrer Wirte

Wirtsbienen:

Seidenbienen *Colletes daviesanus, Colletes fodiens, Colletes similis, Colletes halophilus*

Blütenvorliebe:

hauptsächlich Korbblütler

Die bunt gefärbte Gewöhnliche Filzbiene, „*variegatus*" bedeutet im Lateinischen „bunt", schmarotzt unter anderem bei der Seidenbiene *Colletes fodiens*. Beide konnte ich gemeinschaftlich nebeneinander sammelnd auf den Blüten der Sand-Strohblume beobachten.

Als Brutparasit ist sie auf verschiedene Seidenbienen-Arten spezialisiert. Die Larven einer Kuckucksbiene müssen von den Muttertieren nicht mit Proviant versorgt werden, das erledigt unfreiwillig die Wirtsbiene. Filzbienen können sich nach der Eiablage in fremde Gemächer ganz und gar der eigenen Versorgung widmen. Nektar wird einzig zur Eigenversorgung gesammelt.

Sie gilt unter den bei uns heimischen Filzbienen-Arten als die häufigste Gattung. Mittlerweile ist sie recht selten anzutreffen, da auch ihre Wirtsbienen selten geworden sind.

Bevorzugte Habitate sind sandige Landschaften mit einem hohen Anteil an Korbblütlern wie Rainfarn, Alant, Berufskraut, Färber-Kamille, Sand-Strohblumen, Jakobs-Greiskraut, Schafgarbe und Strandkamille.

September 2021

Es ist 18:39 Uhr. Ein Männchen landet auf einem Stöckchen und richtet sich ein für die Nacht. Gemütlich sieht es nicht aus. In dieser Position, festgebissen an einen Stängel mit dem Kopf nach unten gerichtet, wird es die Nacht verbringen.

FILZZAHN-BLATTSCHNEIDERBIENE *Megachile pilidens*

Flugzeit: Juni-September / **Vorkommen:** selten / gefährdet / **Größe:** 9-11mm
Blütenbesuch: unspezialisiert

Das große Foto dieser Seite zeigt zwei sammelnde Weibchen an der Felsen-Fetthenne *Sedum sediforme*. Deutlich zu sehen: die zwei weißen Filzflecken auf dem Endtergit des Weibchens unten im Bild.

Die beiden Fotos links zeigen Männchen.

Erkennungsmerkmale:
♀ Thorax gelbbraun behaart, seitlich weiß / Brust weiß behaart / weiße Bauchbürste / zwei weiße Filzflecken „Zähnchen" auf Endtergit / Komplexaugen graugrün
♂ wie das Weibchen, aber rötlichbraun behaart / Komplexaugen hellgrün / Sternit mit Dornen

Lebensraum:
warme, trockene Standorte im Süden Deutschlands, vegetationsarme Flächen, sonnige Waldsäume, Sand-, Kies- und Lehmgruben

Lebensweise:
nistet in vorhandenen Hohlräumen wie Mauerfugen, unter Steinen, in selbstgegrabenen Gängen in Steilwänden

Kuckucksbiene:
Kegelbiene *Coelioxys afra*

Blütenvorliebe:
Dickblattgewächse, Korbblütler, Schmetterlingsblütler, Sommerwurzgewächse

Bevor mir diese kleinen Exemplare vor die Kamera flogen, konnte ich an ihrem auffällig hohen Summton erahnen, dass Blattschneiderbienen in meiner Nähe umherschwirren. Sie ist nicht die Einzige unter den Megachile-Arten, die am hohen Flugsummton zu erkennen ist. Wie kleine Hubschrauber oder ähnlich einem Kolibri ist sie in der Lage, in der Luft zu stehen, um nach Blüten Ausschau zu halten.

Von der sehr ähnlichen *Megachile dorsalis* ist sie kaum zu unterscheiden, beide Weibchen tragen filzig weiße Flecken auf dem 6. Tergit. Die Tergite 2-5 von *Megachile dorsalis* sind glänzender. Bei den abgebildeten Bienen kann es sich ebenso um *Megachile dorsalis* handeln, dies kann anhand der Fotos nicht eindeutig festgelegt werden. Beide Arten lieben sonnenexponierte trockenwarme Lagen, die Fotos sind auf einer sonnig gelegenen Magerwiese entstanden.

Weibchen mit einem ausgeschnittenen Blattstück unter dem Bauch.

Ausgeschnittene Blattstücke, diese nutzen sie zum Bau ihrer Nester.

Ein Weibchen an den Blüten des Gewöhnlichen Hornklees *Lotus corniculatus*.

PLATTERBSEN-MÖRTELBIENE Megachile ericetorum

Flugzeit: **Juni-August** / Vorkommen: **mäßig häufig** / **ungefährdet** / Größe: **♀13-15mm ♂12-14mm**
Blütenbesuch: **spezialisiert**

Die große Aufnahme dieser Seite zeigt ein Männchen bei der Nektaraufnehme am Schmalblättrigen Lavendel *Lavandula angustifolia*.

Links ein Männchen in der Breitblättrigen Platterbse *Lathyrus latifolius*.

Ein Weibchen an der Breitblättrigen Platterbse.

Ein deutliches Erkennungsmerkmal der Platterbsen-Mörtelbiene sind die nicht unterbrochenen Haarbinden am Hinterleib.

Erkennungsmerkmale:

♀ Körper schwarz, weißlich behaart / Kopf und Thorax braun behaart / Hinterleib mit deutlichen, nicht unterbrochenen Terminalbinden / Bauchbürste gelborange / Kieferzange mit zwei Zähnen

♂ wie das Weibchen, aber mit weißen Fransen an den rötlichen Vorder-Tarsen (Fußgliedern) / Endtergit mit spitzem Dorn und gezackter Kante / Behaarung insgesamt weißlich

Lebensraum:
Brachen, Ruderalflächen, Gärten, Trockenhänge

Lebensweise:
Nester in Hohlräumen wie Mauerfugen, Felsspalten, Erdlöchern, Pflanzenstängeln, Trockenmauern, Holz, Lehmwänden, Nisthilfen mit 6 mm Lochdurchmesser

Kuckucksbiene:
Kegelbiene *Coelioxys aurolimbata*

Blütenvorliebe:
ausschließlich Schmetterlingsblütler wie Bohne, Goldregen, Hauhechel, Hornklee, Lupine, Platterbse, Steinklee und Wicke

Mörtelbienen kleiden ihre aus Lehm- und Sandmörtel gebauten Brutzellen mit einer Harzschicht aus. Diese Zellen werden dann in unterschiedlichen Hohlräumen untergebracht. Ihre Spezialisierung auf Schmetterlingsblütler und die Abhängigkeit von Ruderalflächen oder naturbelassenen Gärten erschweren ihr das Überleben.

Alle Abbildungen stammen aus unserem Garten. Ab dem Zeitpunkt, da die Breitblättrige Platterbse in unserem Garten ein bestimmtes Volumen angenommen hatte, war die Platterbsen-Mörtelbiene plötzlich da. Männchen wie Weibchen besuchen vor allem Lathyrus-Arten wie die Breitblättrige-, Knollen-, Verschiedenblättrige- und Wald-Platterbse sowie die Gartenwicke. Die Männchen fliegen zur eigenen Ernährung weitere Pflanzen wie beispielsweise Akelei, Fetthenne, Katzenminze, Lavendel, Malve oder Ziest an.

Es ist besonders wichtig, oligolektischen Wildbienen Nahrung in Form ihrer bevorzugten Blühpflanzen anzubieten. Wir unterstützen damit den Erhalt dieser in Abhängigkeit lebenden, oftmals gefährdeten Arten. Vielerorts sind die Bestände der Platterbsen-Mörtelbiene zurückgegangen oder gar erloschen. In Gärten können die erforderlichen Existenzbedingungen dieser wunderschönen Wildbienenart leicht geschaffen werden.

Die Bauchbürste der Weibchen ist durchgehend goldorange gefärbt, die nicht unterbrochenen Haarbinden auf den Tergiten 2-5 zeigen die gleiche Färbung.

GARTEN-BLATTSCHNEIDERBIENE *Megachile willughbiella*

Flugzeit: Juni-September / Vorkommen: mäßig häufig / ungefährdet / Größe: ♀ 12-15 mm ♂ 13-14 mm
Blütenbesuch: unspezialisiert

Großes Foto links: Ein Weibchen in einer Teppichglockenblume mit pollengefüllter Bauchbürste.

Foto links: Die Männchen sind etwas zierlicher als die Weibchen, sie besitzen stark verbreiterte, auffallend weißlich gefärbte Vorderbein-Tarsen.

Die Bauchbürste der Weibchen ist rötlich gefärbt, auf den 5. und 6. Sterniten ändert sich die Färbung in ein tiefes Schwarz.

Erkennungsmerkmale:

♀ Körper gelbbraun behaart / Kopf und Scheitel dunkler / Hinterleib Tergite 1-3 lang gelbbraun behaart / Tergite 3-5 schmale Endbinden / Bauchbürste Sternite 1-4 orangerot, Sternite 5+6 schwarz / Mandibel (Kieferzange) mit vier Zacken

♂ wie das Weibchen, aber mit langen, weißen Fransen an den Vorder-Tarsen (Fußgliedern) / Fühlerglied am Ende oval verbreitert / Hinterleib lang, gelbbraun behaart

Lebensraum:
Waldränder, Gärten und Parks, Weinberge, Brachen, Steil- und Lößwände, Trockenmauern, Magerrasen

Lebensweise:
Nester in Hohlräumen wie Mauerfugen, Felsspalten, morschen Baumstümpfen und Ästen, Käferfraßgängen in Totholz, verlassenen Pelzbienennestern, Pflanzkübeln, Nistkästen (Bohrungen Durchmesser 6 mm)

Kuckucksbiene:
Kegelbienen *Coelioxys quadridentata*, *Coelioxys elongata*

Blütenvorliebe:
Dickblattgewächse, Glockenblumen, Korbblütengewächse, Nachtkerzengewächse, Schmetterlingsblütler

In sekundenschnelle schneidet das Weibchen ovale Stücke aus Laub- und Blütenblättern wie Rose, Eiche, Glyzinie, Hainbuche oder Robinie aus, um damit ihre zigarrenartigen Brutnester zu bauen. Darin deponiert sie ihre Brut und ausreichend Proviant. Ihre bevorzugten Nistplätze findet sie in Hohlräumen von morschem Holz, in der Erde, zwischen Mauerfugen oder auch manchmal in Nisthilfen, die Bohrungen mit einem Durchmesser von 6 mm aufweisen. Nicht selten werden die kleinen röhrchenförmigen Brutnester in Blumenkästen gefunden. Eigentlich solitär lebend, nistet sie gelegentlich kommunal. Mehrere Weibchen nutzen dasselbe Nest oder teilen sich den gleichen Nesteingang.

Der Pollen wird über ihre Bauchbürste gesammelt und transportiert. Sie zeigt bei der Sammlung des Pollens eine besondere Fähigkeit, die unter den Megachile-Arten nicht oft vorkommt. Durch eine Vibration der indirekten Flügelmuskulatur ist sie in der Lage, Pollen aus den Blüten zu rütteln, der Pollen rieselt auf die Bauchbürste der Biene. Diese Bestäubungsform wird „Vibrationssammeln" oder „Buzzing" genannt.

In unserem Garten gehören die Männchen der Garten-Blattschneiderbiene zu meinen absoluten Lieblingsbienen. Sie tragen auffällig hell gefärbte, fransig lang behaarte Vordertarsen.

NATTERNKOPF-MAUERBIENE *Osmia (Hoplitis) adunca*

Flugzeit: Juni-August / Vorkommen: häufig / ungefährdet / Größe: 8-12 mm
Blütenbesuch: streng spezialisiert

Links ist ein abgeflogenes Männchen zu sehen. Es hat die Behaarung am Thorax und die sonst deutlicher sichtbaren Binden verlohren. Im frischen Zustand ist der Pelz der Männchen rostrot gefärbt, innerhalb weniger Tage verblasst die Färbung aufgrund der Sonneneinstahlung.

Die Unterseiten der Fühlerglieder 5 - 11 sind rötlichgelb gefärbt.

Diese und die große Fotografie dieser Seite zeigen Weibchen an den Blüten des Gewöhnlichen Natternkopfes.

Erkennungsmerkmale:
♀ Körper schwarz / Kopf und Thorax wenig hell behaart / helle, schmale Endbinden / Brust hell behaart / glänzende Tergite
♂ Körper schwarz / Thorax rotbraun bepelzt / hellgrüne Komplexaugen

Lebensraum:
Ruderalflächen, Gärten, Parks, Kiesgruben, Steinbrüche, Brachland

Lebensweise:
nistet in vorhandenen Hohlräumen, Mauerritzen, Felsspalten, Steinmauern, Lößund Lehmwänden, Totholz

Parasit:
Goldwespe *Chrysis austriaca*

Blütenvorliebe:
streng spezialisiert auf Natternkopf, im Mittelmeerraum wird auch der Wegerichblättrige Natternkopf genutzt.

Das Raublattgewächs Gewöhnlicher Natternkopf *Echium vulgare* stellt in Mitteleuropa ihre ausschließliche Nahrungsquelle dar. Sowohl die Pollen sammelnden Weibchen wie auch die Nektar trinkenden Männchen fliegen *Echium* an. Diese zweijährige Pflanze kann als Zierpflanze in Gärten gepflanzt werden. Zu beachten ist, dass sie einen mageren, sandigen oder steinigen Boden benötigt. Neben vielen Wildbienenarten wurden über vierzig Schmetterlingsarten als Besucher dieser nektarreichen Pflanzen festgestellt.

Die Gewöhnliche Natternkopfbiene liebt trockenwarme Brachland- oder Ruderalflächen. Man findet sie ebenso an Bahnanlagen ode in Steinbrüchen, da sie für ihren Nestbau sandiges, lehmiges oder kleinsteiniges Material benötigt. Es dient ihr als Baumaterial, um beispielsweise die Nester zu verschließen. Käferfraßgänge in Totholz oder auch Nisthilfen besucht sie ebenfalls, wobei sie in der Nisthilfe einen Durchmesser von 5-7 mm benötigt.

Leider ist ein Rückgang dieser Art zu beobachten, da überlebenswichtige Ödlandflächen entfernt oder begrünt werden. Ein fataler Fehler. Die trockenmagere Vegetation dieser öden Flächen bieten Lebensraum für unterschiedlichste Insekten. Die Natternkopf-Mauerbiene kann mit wenig Aufwand in Gärten gefördert werden.

Ein Weibchen trinkt den Nektar der Garten-Katzenminze *Nepeta fassenii.*

Zur eigenen Ernährung fliegen beide Geschlechter neben ihrer Hauptnahrungsquelle den Natternkopf auch Pflanzen wie die Garten-Katzenminze an.

KURZFRANSIGE SCHERENBIENE Chelostoma campanularum

Flugzeit: Juni-September / Vorkommen: häufig / ungefährdet / Größe: 5-6 mm
Blütenbesuch: streng spezialisiert

Großes Foto links:
Aufsicht auf ein ruhendes Weibchen.

Foto links:
Das Gesicht des Weibchens. Eine zum verwechseln ähnliche Art ist *Chelostoma distinctum*, deren Flugzeit 3-4 Wochen früher beginnt.

Die Männchen können anhand der zwei kleinen spitzen Zähne am Endtergit eindeutig bestimmt werden.

Erkennungsmerkmale:
♀ Kopf und Thorax schwarz / Hinterleib ohne helle Zeichnung oder Haarfransen / sehr klein
♂ wie das Weibchen, aber mit zwei kleinen Zähnchen am Endtergit des Hinterleibes
Lebensraum:
Gärten, Waldränder, Siedlungsbereiche
Lebensweise:
nistet in vorhandenen Hohlräumen, Pflanzenstängeln, Käferfraßgängen in Totholz, Nisthilfen mit Bohrungen oder Röhrchendurchmesser von nur 2-3 mm
Kuckucksbiene:
Düsterbiene *Stelis minima*
Blütenvorliebe:
streng spezialisiert auf Glockenblumen

Dieser Winzling wird wegen der Ausschließlichkeit seiner Nahrungswahl auch Kleine Glockenblumen-Scherenbiene genannt.

Sie besucht die Wiesen-Glockenblume *Campanula patula*, die Nesselblättrige Glockenblume *Campanula trachelium*, die Rundblättrige Glockenblume *Campanula rotundifolia*, die Pfirsichblättrige Glockenblume *Campanula persicifolia* und die Dalmatiner-Büschelglocke *Edraianthus dalmaticus*.

Da alle Campanula-Sorten dankbare und ausdauernde Blüher sind, findet man diese recht oft in Gärten und Parkanlagen. Sie sollten jedenfalls in keinem Garten fehlen, denn viele Wildbienenarten sind auf Glockenblumen spezialisiert.

Bevor die ersten Sonnenstrahlen die Blüten erwärmen, kann man die Männchen in den Blüten der Glockenblumen schlafend vorfinden. Erst die Wärme der Sonne weckt sie auf. Am Abend gehen sie mit dem Sonnenuntergang wieder in ihre Blüte, um dort, oft in Gesellschaft anderer Wildbienen, die Nacht zu verbringen.

Wie winzig die Kurzfransige Scherenbiene tatsächlicht ist, kann man in diesem Größenvergleicht erahnen.

Im Hintergrund schläft die 8-10 mm große Glockenblumen-Scherenbiene. Beide hatten gemeinsam in der Blüte einer Nesselblättrigen Glockenblume übernachtet. Meine Anwesenheit weckte die Kleine der beiden, sie krabbelte an den Rand der Blüte, um gleich darauf davonzufliegen.

GLOCKENBLUMEN-SCHERENBIENE *Chelostoma rapunculi*

Flugzeit: **Juni-August** / Vorkommen: **häufig / ungefährdet** / Größe: **8-10 mm**
Blütenbesuch: **streng spezialisiert**

Die große Fotografie dieser Seite und die Abbildung links zeigen Weibchen.

In unserem Garten konnte ich einige Weibchen bei der Nektaraufnahme an der Blauen Himmelsleiter oder der Ballonblume beobachten. Zur eigenen Ernährung besuchen sie neben Glockenblumen auch andere Blüten. Pollen sammeln sie ausschließlich an Glockenblumengewächsen.

Ein Männchen auf der Roten Lichtnelke.

Erkennungsmerkmale:
♀ Kopf und Thorax schwarz / wenig graubraun behaart / weiße, feine Tergitränder am Hinterleib / kurze Oberkiefer / Kopfschildlamelle fehlt
♂ wie das Weibchen, aber stärker behaart / gelbbraune, dichte Haare im Gesicht / Endtergit mittig vertiefte Grube endet in geraden Lappen
Lebensraum:
Gärten, Waldränder, Siedlungsbereiche
Lebensweise:
nistet in vorhandenen Hohlräumen, Pflanzenstängeln, Käferfraßgängen in Totholz, Nisthilfen Ø 4-5 mm
Kuckucksbiene:
möglicherweise *Stelis breviuscula*
Blütenvorliebe:
streng spezialisiert auf Glockenblumen

Osmia rapunculi ist sozusagen die große Schwester der Kurzfransigen Scherenbiene. Sie ist ebenfalls streng oligolektisch auf Glockenblumen spezialisiert. Ihre Hauptpollenquellen sind Glockenblumenarten wie die Rundblättrige-, Breitblättrige-, Pfirsichblättrige-, Nesselblättrige-, Borstige-, oder die Knäuel-Glockenblume. Zierpflanzen wie die Sternpolster-, Polster-, Fenster-, oder die Adria-Glockenblume werden ebenfalls angeflogen. Diese Bodendecker- oder Hängepolster-Glockenblumem blühen so zahlreich und ausdauernd, dass sie viele verschiedene Wildbienenarten anlocken.

Schlafplätze finden die Männchen in großblütigen Glockenblumen ebenso wie in Malvenblüten, Storchschnabelblüten oder sie halten sich mit ihren Mandibeln an einem Blattrand fest.

Ihre Nester legen sie linear an, daher werden künstliche Nisthilfen von ihr genutzt. Sie besiedelt wurmstichiges Totholz aller Art wie löchrige Zaunpfähle oder die Bretter alter Scheunen und Schuppen. Schilfhalme reetgedeckter Dächer oder Bambusröhrchen nimmt sie ebenfalls an. Für die Verschlüsse ihrer Nester verwendet sie einen Mörtel, der aus Lehm, Sand, kleinen Steinchen, Nektar und vermutlich auch aus Speichel zusammengesetzt ist.

Fünf Minuten Pause in der Blüte des Wiesen-Storchschnabel *Geranium pratense*.

GEWÖHNLICHE LÖCHERBIENE *Heriades truncorum*

Flugzeit: **Juni-Oktober** / Vorkommen: **häufig / ungefährdet** / Größe: **6-8 mm**
Blütenbesuch: **spezialisiert**

Die große Aufnahme dieser Seite zeigt die rasant verlaufende Paarung der Löcherbienen, diese dauert nur wenige Sekunden.

Links das Portrait eines Weibchens. Der vordere Rand des Clypeus ist gerade abgeflacht und mit einem Doppelhöcker versehen.

Das Männchen trägt eine deutlich sichtbare helle Behaarung im Gesicht.

Erkennungsmerkmale:
♀ Körper schwarz / wenig weiß behaart / hintere Tergitränder mit weißen, feinen Endbinden / Bauchbürste rötlichgelb / Mandibeln (Kieferzange) breit und innen ausgebuchtet
♂ wie das Weibchen, aber nur sechs Hinterleibsegmente / Hinterleib am Ende nach unten eingekrümmt / Gesicht weiß behaart
Lebensraum:
Gärten, Parks, Waldränder, Wälder
Lebensweise:
nistet in vorhandenen Hohlräumen, Käferfraßgängen in Totholz, hohlen Stängeln, Nisthilfen ø 3-4mm
Kuckucksbiene:
Düsterbiene *Stelis breviuscula*
Parasit:
Keulenwespe *Sapygina decemguttata*
Blütenvorliebe:
spezialisiert auf Korbblütler

Alant, Distel, Flockenblume, Goldrute, Greiskraut, Kamille, Margerite, Prachtscharte, Rainfarn, Ringelblume, Schafgarbe, Sonnenhut, Wasserdost, Wegwarte und viele mehr – die Zahl der Korbblütler ist groß, so auch das potenzielle Nahrungsangebot für die Gewöhnliche Löcherbiene. Viele dieser Pflanzen sind ein bis zweijährig, andere krautig ausdauernd.

Eine typische Körperbewegung des Weibchens ist das nervöse wippende Auf- und Abbewegen des Hinterleibes. Dieses Wippen führt zu einer direkten Pollenaufnahme in die Bauchbürste. Einmal beobachtet, verhilft dieser typische Habitus der Biene, diese im Feld sicher zu bestimmen.

Beide Geschlechter sind sich sehr ähnlich. Die Männchen tragen ein hell behaartes Gesicht. Die Weibchen besitzen auffällig große Kieferzangen. Der vordere Rand des Clypeus (zwischen den beiden Zangen) ist gerade abgeflacht und mit einem kleinen Doppelhöcker versehen.

3. Juli / 11:13 Uhr
Regenpause. Das Männchen verschläft den Vormittag, es hat die Nacht über geregnet. Grund genug, einfach mal eine längere Pause einzulegen.

MALVE & WEGWARTE
DAUERBLÜHER FÜR DEN NATURGARTEN

Die aus dem Mittelmeerraum stammende **Bechermalve**, auch Strauchpappel genannt, mag einen sonnigen, geschützten Standort. Die einheimische Thüringer Strauchpappel kann sogar in den halbschattigen Bereich gepflanzt werden. Bechermalven eignen sich hervorragend für die Kübelbepflanzung. Da Nährstoffe im Kübel recht schnell verbraucht sind, wird eine Flüssigdüngergabe alle vier bis sechs Wochen die Blühfreudigkeit erhalten.

Sehr ähnliche Anforderungen an den Standort fordert die **Wilde Malve**, denn an einem schattigen Platz verweigert sie ihre Blüten. Die Sonnenanbeterin blüht je nach Lage bereits im Mai und erweist sich als absoluter Dauerblüher. Da sie Trockenheit verträgt, gedeiht sie bestens im Kübel auf dem Südbalkon.

Je nach Sorte blüht die **Karpaten-Glockenblume** in Violettblau, Dunkelviolett und Weiß. Die großblütige, blühfreudige Polsterstaude kann in das Beet sowie in den Pflanzkübel oder Blumenkasten gesetzt werden. Wichtig ist ein sonniger Standort mit mäßig nährstoffreichem Boden.

Unscheinbar wächst die **Wegwarte** am Wegesrand, auf Ruderalflächen oder Schuttplätzen. Ihr Anspruch an die Bodenbeschaffenheit ist gering. In unseren Naturgärten verliert sie jedoch ihre Zurückhaltung. Die leuchtend blauen Blüten stechen als Blickfang deutlich hervor und bereichern jede Wildblumenwiese. Farblich eindrucksvoll wirkt sie in Begleitung der zartgelben Nachtkerze.

Natternkopf – sehr wertvoll, nicht nur für die Glänzende Natternkopf-Mauerbiene. Die einheimische Pionierpflanze besitzt ausgesprochen gute Bienenweideeigenschaften. Dabei ist sie ebenso anspruchslos wie blühfreudig. Voraussetzung ist allerdings ein nährstoffarmer Boden an sonniger Stelle. Alternativ kann der Wegerichblättrige Natternkopf *Echium plantagineum* gepflanzt werden. Er ist eine 20-60 cm hoch wachsende Pflanze mit größeren Blüten.

Ursprünglich an Flussläufen und schattigen Feuchtwiesen beheimatet, findet man die wild wachsende **Blaue Himmelsleiter** nur noch selten. Daher ist sie streng geschützt. Eine traumhafte Wildstaude für den schattigen Garten. Sie erreicht eine Wuchshöhe von 40-120 cm.

Die **Moschus-Malve** gilt als klassische Vertreterin des Bauerngartens. Sie ist robust, erreicht eine Höhe von 60 cm und eignet sich für das Staudenbeet. Ihr angenehmer Duft und der hohe Nektargehalt locken unterschiedlichste Bestäuber an.

Bechermalve
Lavatera trimestris
Malvengewächse

Juni-Oktober

Sonne

Nektar ★ ★ ★
Pollen ★

Wilde Malve
Malva sylvestris
Malvengewächse

Juni-Oktober

Sonne

Nektar ★ ★ ★
Pollen ★

JUNI

BLÜHPFLANZEN

Karpaten-Glockenblume
Campanula carpatica
Glockenblumengewächse

Juni-August

Sonne

Nektar ★ ★
Pollen ★ ★

Wegwarte
Cichorium intybus
Korbblütengewächse

Juni-September

Sonne

Nektar ★ ★ ★
Pollen ★ ★ ★

Natternkopf
Echium vulgare
Raublattgewächse

Juni-September

Sonne / Halbschatten

Nektar ★ ★ ★
Pollen ★ ★

Blaue Himmelsleiter
Polemonium caeruleum
Sperrkrautgewächse

Juni-Juli

Halbschatten

Nektar ★ ★ ★
Pollen ★ ★ ★

Moschus-Malve
Malva moschata
Malvengewächse

Juni-September

Sonne / Halbschatten

Nektar ★ ★ ★
Pollen ★

Der recht seltsame Name **Gemeine Ochsenzunge** bezieht sich auf das rau behaarte Laub und erinnert an raue Rinderzungen. Die Pflanze gilt bei uns als heimisch, stammt jedoch maßgeblich aus dem Mittelmeerraum, daher bevorzugt sie einen sonnigen Standort. Gleich zwei streng spezialisierte Wildbienenarten sind auf die Ochsenzunge angewiesen: die Ochsenzungen-Sandbiene *Andrena nasuta* und die Ochsenzungen-Seidenbiene *Colletes nasutus*.

Der zweijährige **Muskateller-Salbei** erreicht eine stattliche Höhe von 150 cm. Er ist ein Verwandter des gewöhnlichen Salbeis und in Südeuropa weit verbreitet. Er wird zur Nektar- und Pollenaufnahme beispielsweise von der Blauschwarzen Holzbiene und diversen Hummelarten aufgesucht.

Es gibt unzählige Arten des **Storchschnabel**. Die Gattung umfasst rund 300-400 Arten mit mehreren tausend Sorten. Nicht zu verwechseln mit der Balkonkasten-Geranie – diese bietet Insekten übrigens keine Nahrung. Die Gattung der winterharten Storchschnäbel hingegen ist vielseitig einsetzbar. Sie eignen sich für fast jede Gartensituation und sie sind ausgesprochen blühfreudig. Viele davon gedeihen auch im Schattengarten. Zudem werden die Blüten von vielen Insekten besucht, denn sie geben reichlich Pollen und Nektar ab. Der Storchschnabel zählt mit seinen unzähligen Arten und Sorten zu den vielfältigsten Gartenpflanzen. Er ist robust und Nacktschnecken machen einen großen Bogen um ihn. Wildbienen-Männchen, wie die der Glockenblumen-Sägehornbiene *Melitta haemorrhoidalis* oder die der Wald-Schenkelbiene *Macropis fulvipes*, schlafen in den Blüten der großblütigen Storchschnabel-Arten. Für die Wald-Schenkelbiene ist der Storchschnabel eine wichtige Nahrungsquelle.

Das **Ruprechtskraut** gehört zu den einheimischen Storchschnabelgewächsen. In unserem Garten darf es an einigen Stellen wachsen, denn es wird von kleineren Wildbienen aufgesucht. Verschiedene Schmalbienen-Arten wie auch die Zweifarbige Sandbiene *Andrena bicolor* fliegen die hübschen kleinen Blüten an.

In unendlicher Fülle blüht der schöne **Wiesen-Storchschnabel**. Die aufrecht wachsenden Pflanzen werden bis zu 70 cm hoch und tragen hell-blauviolette Blüten. Sie neigt zur Selbstaussaat, denn wenn ihre Fruchtschalen platzen, schleudert sie ihre reife Saat in die nähere Umgebung. Sie eignet sich ausgezeichnet für sonnig gelegene Wildblumenwiesen.

Gemeine Ochsenzunge
Anchusa officinalis
Raublattgewächse

Juni-September

Sonne

Nektar ★ ★ ★
Pollen ★ ★

Muskateller-Salbei
Salvia sclarea
Lippenblütler

Juni-Juli

Sonne

Nektar ★
Pollen ★ ★

Storchschnabel
Geranium Hybride Rozanne
Storchschnabelgewächse

Juni-November

Sonne / Halbschatten

Nektar ★ ★ ★
Pollen ★ ★ ★

Storchschnabel
Geranium oxonianum
Storchschnabelgewächse

April-Oktober

Sonne / Halbschatten

Nektar ★ ★ ★
Pollen ★ ★

Ruprechtskraut
Geranium robertianum
Storchschnabelgewächse

Mai-Oktober

Sonne / Halbschatten

Nektar ★ ★
Pollen ★ ★

Storchschnabel
Geranium oxonianum 'Thurstonianum'
Storchschnabelgewächse

April-Juni

Sonne / Halbschatten

Nektar ★ ★
Pollen ★ ★ ★

Wiesen-Storchschnabel
Geranium pratense
Storchschnabelgewächse

Juni-August

Sonne

Nektar ★ ★
Pollen ★ ★

Blutweiderich – eine auffällige Wildstaude für feuchte Standorte. Die Wärme liebende Pflanze mag wechselfeuchte, nährstoffreiche Böden, gerne an einem Gartenteich oder nahe eines Baches in voller Sonne. In unserem Garten akzeptiert sie auch die halbschattige Lage, blüht hier jedoch nicht so überschwänglich. Ein streng oligolektischer Besucher dieser Pflanze ist die Blutweiderich-Sägehornbiene *Melitta nigricans*. Von Schnecken wird sie gemieden.

Das **Schmalblättrige Weidenröschen** ist sicher jedem bekannt. Es ist an Waldrändern, Böschungen, Ruderalflächen oder am Wegesrand sehr häufig zu finden. Da die Wildform sich im Garten sehr stark versamt, gibt es einige Alternativen. Das Weiße Weidenröschen, *Epilobium angustifolium f. albiflorum* oder das Rosa Weidenröschen *Epilobium angustifolium 'Stahl Rose'* sind ebenso imposant und versamen sich kaum. Sie mögen Sonne wie Halbschatten. Die mäßig häufige Weidenröschen-Blattschneiderbiene *Megachile lapponica* lebt als streng oligolektische Bienenart in Abhängigkeit zum Weidenröschen.

Die **Stauden-Flammblume**, auch Phlox genannt, ist eine klassische Bauerngarten-Staude. Während ihrer unermüdlichen Blühdauer begleitet sie ein wunderbarer Duft. Sie sollte einen sonnigen Platz im Beet bekommen. Werden nach der ersten Blüte die vertrockneten Blütenstängel entfernt, blüht sie ein weiteres Mal. Die Blüten sind für langrüsselige Schmetterlinge eine attraktive Nahrungsquelle. Eine Vielzahl unserer heimischen Tag- und Nachtfalter werden vom Duft der weiß-, blau-, violett-, rot- oder rosafarbenen Blüten angelockt.

Die Blütenfarbe der **Kohl-Kratzdistel** ist für eine Kratzdistel eher ungewöhnlich, denn sie ist nicht rötlich, sondern blassgelb. Sie mag Uferlandschaften, Nasswiesen und Auenlandschaften und kann eine stattliche Größe von bis zu 150 cm erreichen. Der sehr hohe Nektargehalt ihrer Blüten lockt diverse Schmetterlingsarten an. Aber auch andere Insekten fliegen nicht einfach an ihr vorbei, ohne ihr reiches Nahrungsangebot zu nutzen.

Das **Sternkugel-Lauch** – filigran und auffällig zugleich. Seine imposanten Blütenstände locken besonders kleine Wildbienenarten wie die Lauch-Maskenbiene an. Zahlreiche, sternförmige Einzelblüten bilden eine Blütenkugel, die einen Durchmesser von über 20 cm erreichen kann.

Besonders einladend scheint die **Kugeldistel** zu sein, denn sie wird von Honigbienen, Hummeln und vielen kleinen Wildbienenarten ausgiebig besucht. Sie entwickelt unzählige, hell-violettblaue Blütenköpfchen und mag einen sonnigen Standort.

Bis zu 120 cm kann die **Weg-Distel** erreichen. Wie alle Disteln bietet sie zahlreichen Insektenarten, aber auch dem Distelfink Nahrung. Ihre Stängel sind dornig, daher wirkt sie für Gartenbesitzer wenig einladend. In unserem Garten darf sie wachsen. Ich freue mich immer wieder über das mittlerweile kopfstarke Aufkommen der Distelfinken, seit ich Wilde Karde gepflanzt habe und weitere wilde Disteln zulasse.

Blutweiderich
Lythrum salicaria
Weiderichgewächse

Juni-September

Sonne / Halbschatten

Nektar ★★★
Pollen ★★

Schmalblättriges Weidenröschen
Epilobium angustifolium
Nachtkerzengewächse

Juni-August

Sonne / Halbschatten

Nektar ★★★
Pollen ★★

JUNI

BLÜHPFLANZEN

Stauden-Flammenblume
Phlox paniculata
Sperrkrautgewächse

Juni–Oktober

Sonne

Nektar ★ ★
Pollen ★ ★

Kohl-Kratzdistel
Cirsium oleraceum
Korbblütengewächse

Juni–September

Sonne

Nektar ★ ★ ★ ★
Pollen ★ ★ ★

Sternkugel-Lauch
Allium christophii
Lauchgewächse

Juni–Juli

Sonne

Nektar ★ ★ ★
Pollen ★ ★

Kugeldistel
Echinops ritro
Korbblütengewächse

Juni–August

Sonne

Nektar ★ ★ ★
Pollen ★ ★

Weg-Distel
Carduus acanthoides
Korbblütengewächse

Juni–September

Sonne

Nektar ★ ★ ★
Pollen ★ ★

Die **Kornblume** galt seit eh und je als Begleiter eines jeden Kornfeldes. In der Vergangenheit wurde sie jedoch intensiv als Unkraut bekämpft. Heute sind die Wildbestände der auffälligen Pflanze selten geworden – wilde Ackerkräuter sind aus den Getreidefeldern verschwunden. Dabei ist die Kornblume seit der Steinzeit bei uns heimisch. Sie gehört in jede Wildblumenwiese.

Eine rotschwarze Einzelblüte im Zentrum des Blütenstandes macht die **Wilde Möhre** unverwechselbar. Sie gehört zu den Wildpflanzen, die wir häufig am Wegesrand finden. Bei Wildbienen, Blattwespen, Käfern und Schwebefliegen ist sie beliebt. Besonders wichtig ist sie für den Schwalbenschwanz. Die Raupen dieser Schmetterlingsart ernähren sich von Doldengewächsen wie Wilde Möhre, Gartenmöhre, Fenchel, Dill, Pastinake und Wiesen-Silge. Mehrere Sandbienen-Arten sind auf die Wilde Möhre spezialisiert.

Eine der bekanntesten einheimischen Heilpflanzen ist der **Echte Baldrian**. Die Wildstaude kann eine beachtliche Höhe von bis zu 180 cm erreichen. Sie wird von unterschiedlichsten Hautflüglern bestäubt. In unserem Garten beobachte ich besonders den Besuch der Maskenbienen an den Blüten.

Gleich mehrere Wildbienenarten sind auf den **Rainfarn** spezialisiert. Da die Pflanze sich über Ausläuferbildung breitflächig ausbreiten kann, eignet sie sich für größere Wildstaudenflächen. Möglich ist auch eine Pflanzung im Kübel. Als Aufguss versprüht, vertreibt Rainfarn Milben und Läuse von Ihren Pflanzen. Aber Vorsicht – die Pflanze ist giftig.

Purpur-Leinkraut – die aus dem Mittelmeerraum stammende Wildpflanze ist ein besonders eleganter Dauerblüher. Die aufrechten Triebe (bis zu 80 cm hoch) tragen blaugrüne Blätter und rosa bis violettfarbene Blüten, die dem Löwenmäulchen ähneln. Sie eignet sich zur Verwilderung, da sie sich reichlich versamt. Hummeln fliegen sie besonders gerne an.

Von der Bronzezeit bis ins Mittelalter war der **Färber-Wau**, auch Färber-Resede genannt, eine wichtige Pflanze zur Gelbfärbung von Wolle, Baumwolle und Seide. Sie liebt sonnige Plätze und ist eine zumeist zweijährige Pflanze. Im ersten Jahr bildet sie eine Blattrosette, im zweiten Jahr wächst daraus ein bis zu 150 cm hoher Blütenstand. Die Reseden-Maskenbiene *Hylaeus signatus* fliegt ausschließlich die Blüten der Resedengewächse an.

Die **Vogel-Wicke** ist eine Kletterpflanze mit kleinen blauviolett bis purpurfarbenen Blüten. Die Bestäubung erfolgt durch Wildbienen und Schmetterlinge. Kurzrüsselige Hummeln beißen die Blüten oftmals seitlich an und begehen somit „Nektarraub". Die Blüten werden auf diese Weise nicht bestäubt. Schmetterlingsblütler wie die Vogel-Wicke gehören zu den wichtigsten Trachtpflanzen vieler oligolektischer Wildbienenarten.

Kornblume
Centaurea cyanus
Korbblütengewächse

Juni–September

Sonne

Nektar ★ ★ ★
Pollen ★ ★

Wilde Möhre
Daucus carota
Doldenblütler

Juni–September

Sonne

Nektar ★ ★
Pollen ★ ★

JUNI

Echter Baldrian
Valeriana officinalis
Baldriangewächse

Juni–August

Sonne / Halbschatten

Nektar ★
Pollen ★ ★

Rainfarn
Tanacetum vulgare
Korbblütengewächse

Juni–September

Sonne

Nektar ★ ★
Pollen ★ ★

Purpur-Leinkraut
Linaria purpurea
Lippenblütler

Juni–Oktober

Sonne

Nektar ★ ★
Pollen ★

Färber-Wau
Reseda luteola
Resedagewächse

Juni–September

Sonne

Nektar ★ ★
Pollen ★ ★ ★

Vogel-Wicke
Vicia cracca
Schmetterlingsblütler

Juni–August

Sonne

Nektar ★ ★ ★
Pollen ★ ★ ★

Die **Kronen-Lichtnelke**, auch Vexiernelke genannt, ist in Osteuropa und Zentralasien heimisch. Das silbergraue Laub bildet einen schönen Kontrast zu den leuchtend pinkfarbenen Blüten. Eine echte Schönheit, die leider nur drei bis vier Jahre alt wird. Durch Selbstaussaat findet man sie jedoch an nicht erwarteten Stellen im Garten wieder. Wollbienen sammeln die Pflanzenwolle der pelzigen Blätter und Stängel. Schmetterlinge wie der Zitronenfalter haben eine besondere Vorliebe für die Nektar spendenden Blüten.

Farblich eine echte Rarität unter den Wildpflanzen ist das **Orangerote Habichtskraut**. Nur das Acker-Gauchheil und die Türkenbundlilie blühen ebenfalls orange. Das Habichtskraut breitet sich durch Ausläufer stark aus, daher gehört es nicht in das Staudenbeet. Der ideale Platz ist die Magerwiese. Das Kraut ist ein guter Bodendecker. Es kann mit ähnlich stark wachsenden Wildpflanzen alternativ in Pflanzkübeln kultiviert werden.

Die **Färberkamille** blüht unermüdlich bis in den Oktober hinein. Allerdings geht sie dann recht kraftlos in die Winterruhe. Ein Rückschnitt im September kann bewirken, dass die Duftpflanze neue Bodentriebe entwickelt und so im kommenden Jahr erneut blüht. Sie mag humusarme, steinige und wenig feuchte Böden.

Auch der **Wald-Ziest** zählt wie die Färberkamille zu den duftenden Wildpflanzen. Er duftet nach Flieder. Die robuste Pflanze ist zum Verwildern im Gehölzbereich geeignet. Auf nährstoffreichen und feuchten Böden in halbschattiger Lage fühlt sie sich besonders wohl. In Mitteleuropa sind Acker-, Alpen-, Aufrechter-, Deutscher-, Einjähriger-, Sumpf-, Wald- und Woll-Ziest beheimatet. Einige dieser Ziest-Arten wachsen in unserem Garten, denn sie gehören zu meinen Lieblingspflanzen. Diese Leidenschaft teilen übrigens die Garten-Wollbiene *Anthidium manicatum* und die Wald-Pelzbiene *Anthophora furcata*. Beide Wildbienenarten konnte ich mit der umfangreichen Auswahl an Ziesten in unseren Garten locken.

Insekten aller Art umschwärmen die **Katzenminze**. Hauskatzen lockt und beruhigt ihr Duft. Sollte der nächste Termin beim Tierarzt anstehen, versuchen Sie es mit Katzenminze, um den Vierbeiner in das Transportkörbchen zu locken. Die Zierpflanze ist in den Farben Weiß, Rosa, Hellgelb und Blauviolett erhältlich.

Die **Geruchlose Kamille**, eine alte Kulturbegleiterin, kommt in fast allen nährstoffreichen Ackerkulturen vor. Die einjährige Pflanze kann leicht mit der Echten Kamille verwechselt werden. Der fehlende Duft ist ein Unterscheidungsmerkmal. Wegen der langen Blühdauer ist sie eine wichtige Nahrungspflanze für Wildbienen.

Ab Ende Juni blüht der **Wiesen-Alant**. Die ausdauernde, robuste Staude verwildert gerne in Ufernähe eines Teiches oder in feuchten Wiesen mit sandigen Lehmböden. Bei optimaler Lage kann er sich zu einem flächendeckenden Blütenmeer entwickeln. In Deutschland gehen seine Wildbestände stark zurück. In vielen Bundesländern wird diese Art bereits auf der Roten Liste geführt.

Kronen-Lichtnelke
Silene coronaria
Nelkengewächse

Juni-August

Sonne / Halbschatten

Nektar ★
Pollen ★

Orangerotes Habichtskraut
Hieracium aurantiacum
Korbblütengewächse

Juni-September

Sonne / Halbschatten

Nektar ★
Pollen ★

JUNI

BLÜHPFLANZEN

Färberkamille
Anthemis tinctoria
Korbblütengewächse

Juni-Oktober

Sonne

Nektar ★ ★
Pollen ★ ★

Wald-Ziest
Stachys sylvatica
Lippenblütler

Juni-August

Sonne / Halbschatten

Nektar ★
Pollen ★

Katzenminze
Nepeta x faassenii
Lippenblütler

Juni-Juli + September

Sonne

Nektar ★ ★ ★
Pollen ★

Geruchlose Kamille
Tripleurospermum maritimum
Korbblütengewächse

Juni-Oktober

Sonne

Nektar ★
Pollen ★

Wiesen-Alant
Inula britannica
Korbblütengewächse

Juni-Oktober

Sonne / Halbschatten

Nektar ☆
Pollen ☆

Die **Blaue Luzerne** oder auch Saat-Luzerne genannt, ist eine alte heimische Heil- und Nutzpflanze. Weltweit wird sie als Viehfutter oder als Nahrungsmittel angebaut. Wir kennen sie auch als Alfalfa Sprosse. Die Sprossen enthalten viele pflanzliche Proteine und bieten eine Vielzahl an Vitalstoffen. Sie gilt als wichtige Trachtpflanze für Hummeln, Honigbienen und andere Fluginsekten. Männchen der Garten-Blattschneiderbiene *Megachile willughbiella* scheinen in unserem Garten eine besondere Vorliebe für den Nektar der Luzerne zu haben. Etwa 10 spezialisierte Wildbienenarten besuchen die Blüten der krautigen Pflanze.

Schopf-Lavendel – ein fein duftender, buschig aufrecht wachsender Halbstrauch. Die Pflanze stammt aus den warmen Regionen des Mittelmeerraumes und sollte vor Frost geschützt werden. Sie ist eine optimale Topf- oder Kübelpflanze. In unserem Garten ist sie die Lieblingspflanze der Wiesenhummel *Bombus pratorum*.

Über 20 Staudenarten gehören zur Gattung der **Duftnessel**. Sie stammen aus China, Korea, Nordamerika, Mexiko und Kalifornien. Auch wenn sie in Deutschland nicht heimisch sind, steht ihnen ein Platz im Garten zu. Ihre Blütenpracht ist überschwänglich und farbenfroh. Besonders auffällig: *Agastache nepetoides* mit gelblich-grünen Blüten oder *Agastache aurantiaca 'Apricot Sprite'* mit orangefarbenen Blüten.

Die Gattung Thymus umfasst 214 Arten, davon ist der **Echte Thymian** die uns bekannteste Art. Ursprünglich aus dem iberischen Raum stammend, ist sie auch in unseren Breiten zu einer beliebten Zierpflanze geworden. Sie fühlt sich an geschützten, sonnigen Plätzen im Garten und auf dem Balkon wohl.

Die **Große Sterndolde** – eine einheimische Blühpflanze mit außergewöhnlich schönen Blüten. Es gibt zahlreiche Sorten in unterschiedlichen Farbnuancen. Besonders schön ist eine Kombination der grünweißen *Astrantia major 'Star of Billion'* mit der silbrig-rosafarbenen *Astrantia major 'Florence'*. Die kleinsten Arten erreichen eine Wuchshöhe von 15-40 cm, die größten Arten eine Höhe von bis zu 90 cm.

Eine klassische Bauerngarten-Pflanze ist die **Bartnelke**. Es gibt Zwergsorten, die nicht höher wachsen als 15 cm und buschig wachsende Sorten die eine Höhe bis zu 50 cm erreichen. Sie mögen vollsonnige Standorte. Staunässe in den Wintermonaten lässt sie eingehen.

Der **Lavendel** ist ursprünglich in den Küstenregionen des Mittelmeerraumes beheimatet, er mag trockene, sonnige Standorte mit nährstoffarmen, durchlässigen Böden. Als kompakt wachsender Halbstrauch kann er beispielsweise zur Beeteinfassung gepflanzt werden. Sehr schön ist die Kombination mit dem silbrigen Wollziest.

Die wunderbare **Knäuel-Glockenblume** gehört eigentlich in jeden Garten. Sie eignet sich für die Bepflanzung im Staudenbeet sowie im Steingarten. Einen halbschattigen Platz am Gehölzrand mag die winterharte Staude besonders gerne. Sie gilt als wichtige Bienenweidepflanze.

Blaue Luzerne
Medicago sativa
Schmetterlingsblütler

Juni-September

Sonne

Nektar ★ ★ ★
Pollen ★

Schopf-Lavendel
Lavandula stoechas
Lippenblütler

Juni-September

Sonne

Nektar ★ ★ ★
Pollen ★

JUNI

BLÜHPFLANZEN

Duftnessel
Agastache foeniculum
Lippenblütler

Juni–August

Sonne

Nektar ★ ★ ★ ★
Pollen ★ ★

Echter Thymian
Thymus vulgaris
Lippenblütler

Juni–Oktober

Sonne

Nektar ★ ★
Pollen ★ ★ ★

Große Sterndolde
Astrantia major
Doldenblütler

Juni–September

Sonne / Halbschatten

Nektar ★
Pollen ★ ★

Bartnelke
Dianthus barbatus
Nelkengewächse

Juni–September

Sonne

Nektar ★ ★
Pollen ★ ★ ★

Lavendel
Lavandula angustifolia
Lippenblütler

Juni–September

Sonne

Nektar ★ ★ ★
Pollen ★ ★

Knäuel-Glockenblume
Campanula glomerata
Glockenblumengewächse

Juni–August

Sonne

Nektar ★ ★ ★
Pollen ★ ★

Prunkwinden – robuste, schnell wachsende und blühfreudige Schlingpflanzen. Mit etwa 650 Arten bilden sie die größte Gattung unter den Windengewächsen. Die einjährigen Kletterpflanzen können bis zu 3 m in die Höhe ranken. Voraussetzung ist ein vollsonniger Standort. Es gibt sie in unendlich vielen, kräftig leuchtenden Farbtönen. In großen Töpfen ist sie auch für den Balkon geeignet.

Der **Bittersüße Nachtschatten** wächst an offenen Standorten in Wassernähe. Weltweit gibt es etwa 2.000 Arten der Nachtschattengewächse. Unter ihnen beispielsweise die Kartoffel, die Tomate oder auch die Aubergine. Der Bittersüße Nachtschatten wird seit der Antike bis heute als Heilkraut genutzt.

Der einjährige **Borretsch**, auch Gurkenkraut genannt, gilt als ausgezeichnete Bienentrachtpflanze. Die Pflanze mit der borstigen Behaarung an Stängeln und Blättern duftet nach Gurken und produziert ihren Nektar sehr rasch. Hummeln wiederholen ihren Besuch der Borretschpflanze bereits nach etwa zwei Minuten, denn diese Zeit benötigt die Pflanze zur Neuproduktion des Nektars. Neueste Forschungen haben ergeben, dass die essbare Pflanze giftiger ist als bislang angenommen. Daher wird vom Verzehr des Borretsch abgeraten.*

Dickblattgewächse wie der **Scharfe Mauerpfeffer** eignen sich besonders zur Dachbegrünung, sie fühlen sich auch in sonnigen Steingärten wohl. Die wintergrüne Pflanze bevorzugt gut durchlässige und trockene Böden. An geeigneten Standorten breitet sie sich flächendeckend aus. Sie bietet reichlich Nektar. Die Felsspalten-Wollbiene wird neben vielen weiteren Insekten von der Fülle leuchtend gelber sternförmiger Blüten zum Nektarsammeln angelockt.

Die **Ringelblume** kennen wir vor allem als Heilpflanze. Ihre Blütenblätter enthalten entzündungshemmende Substanzen. Außerdem wird die Blüte als Farbstoff bei der Herstellung von Butter und Käse eingesetzt. Sie zählt übrigens zu den ältesten Zierpflanzen, die in Gärten kultiviert wurden.

Von Juli bis Oktober blüht das filigrane **Eisenkraut**. Es ist ein Dauerblüher. Die hochwüchsige Staude mag trockene Standorte mit durchlässigen Böden in voller Sonne. Schmetterlinge fliegen sie besonders gerne an. Neben der bekannten violettfarbenen *Verbena bonariensis* gibt es unter der *Verbena hastata* auch weiße und rosafarbene Sorten.

Die **Echte Kamille** zählt zu den ältesten Heilpflanzen überhaupt. Bis in die Steinzeit wurde ihre Anwendung nachgewiesen. Auch die alten Ägypter schätzten ihre Heilkraft und stellten aus der Pflanze eine Arznei gegen Malaria her. Als Wildpflanze finden wir sie heute relativ selten. Ein eindeutiges Erkennungszeichen ist ihr unverwechselbarer Geruch.

(Infos über: www.pflanzenforschung.de)

Prunkwinde
Ipomoea purpurea
Windengewächse

Juni-September

Sonne

Nektar ★ ★
Pollen ★ ★

Bittersüßer Nachtschatten
Solanum dulcamara
Nachtschattengewächse

Juni-Oktober

Sonne

Nektar ☆
Pollen ★

JUNI

BLÜHPFLANZEN

Borretsch
Borago officinalis
Raublattgewächse

Juni–September

Sonne

Nektar ★ ★ ★ ★
Pollen ★ ★

Scharfer Mauerpfeffer
Sedum acre
Dickblattgewächse

Juni–August

Sonne

Nektar ★ ★ ★
Pollen ★ ★

Ringelblume
Calendula officinalis
Korbblütengewächse

Juni–Oktober

Sonne

Nektar ★ ★
Pollen ★ ★

Eisenkraut
Verbena bonariensis + Verbena hastata
Eisenkrautgewächse

Juni–Oktober

Sonne

Nektar ★
Pollen ★ ★

Echte Kamille
Matricaria recutita
Korbblütengewächse

Juni–September

Sonne

Nektar ☆
Pollen ☆

Die **Weiße Zaunrübe** gehört zu den Kürbisgewächsen. Da sie im Herbst schwarze, kleine Beeren trägt wird sie auch Schwarzbeerige Zaunrübe genannt. Es gibt eine weitere Art, die Rotbeerige Zaunrübe *Bryonia dioica*. Beide Arten wachsen schnell und können 4-5 m lange Ranken bilden. Sie sind giftig. Die Zaunrüben-Sandbiene *Andrena florea* ist auf diese Pflanzen streng spezialisiert.

Der **Wiesen-Bärenklau** sollte nicht mit dem Riesen-Bärenklau verwechselt werden. Denn letzterer ist als Invasiver Neophyt ausgesprochen schädlich für unsere heimische Flora. Den kleineren Wiesen-Bärenklau findet man in Fettwiesen und an Wegrändern. Er wird von Schwebefliegen, Käfern und Wildbienen sehr ausgiebig besucht. Oligolektische Gäste dieser Pflanze sind die Bärenklau-Sandbiene *Andrena rosae, Andrena nitidiuscula* und *Andrena proxima*.

Die Blüten der **Prachtkerze** öffnen sich für nur einen Tag. Dennoch zählt sie aufgrund der vielen Blüten zu den Dauerblühern. Sie liebt einen windgeschützten Platz in der Sonne, da ihre filigranen, aufrechten Blütenstängel bei starkem Wind leicht abbrechen können. Fühlt sie sich an ihrem Standort wohl, sät sie sich selber aus.

Nach frischem Heu duftet der **Weiße Steinklee**. Der Duft ist auf *Cumarin* zurückzuführen, ein aromatischer, sekundärer Pflanzenstoff, welcher in der Pflanze vorhanden ist. Die unscheinbare Wildpflanze ist bei Bestäubern aller Art beliebt. Einer der wichtigsten Bestäuber ist die Honigbiene. Sie fliegt gezielt besonders ergiebige Blühpflanzen an. 6 spezialisierte Bienenarten besuchen die Blüten.

Die Gattung der **Wiesen-Margerite** umfasst etwa 42 verschiedene Arten. Sie ist eine typische Sommerwiesenpflanze. Die robusten und pflegeleichten Korbblütler kommen mit fast jedem Boden zurecht. Sie mögen sonnige, windgeschützte Lagen. Die Wiesen-Margerite eignet sich besonders für die Pflanzung in Wiesen. Sie sät sich selber aus und kommt jedes Jahr an anderer Stelle wieder.

Die **Lupine** wurde als Gartenpflanze nach Deutschland eingeführt und ist recht beliebt. Sie gehört allerdings zu den Neophyten, die als invasiv eingestuft werden. Die Vielblättrige Lupine breitet sich in einigen Regionen Deutschlands flächendeckend aus und verdrängt dort heimische Arten. Es ist nicht unbedingt notwendig, sie überall zu entfernen. Dort, wo sie nachweislich einen besonders schützenswerten Lebensraum gefährdet oder zerstört, sollte sie jedoch bekämpft werden.

Verzichten wir lieber auf invasive Pflanzen und bevorzugen unsere heimischen Blühpflanzen wie die **Tauben-Skabiose**. Sie ist ein anspruchsloser Dauerblüher, denn sie kommt mit fast jedem Gartenboden klar. Nur sonnig sollte es sein.

Weiße Zaunrübe
Bryonia alba
Kürbisgewächse

Juni-September

Sonne

Nektar ★
Pollen ★ ★

Wiesen-Bärenklau
Heracleum sphondylium
Doldenblütler

Juni-September

Sonne

Nektar ★ ★ ★
Pollen ★

JUNI

BLÜHPFLANZEN

Prachtkerze
Gaura lindheimeri
Nachtkerzengewächse

Juni–Oktober

Sonne

Nektar ★ ★
Pollen ★ ★ ★

Weißer Steinklee
Melilotus albus
Schmetterlingsblütler

Juni–September

Sonne

Nektar ★ ★ ★ ★
Pollen ★ ★ ★

Wiesen-Margerite
Leucanthemum vulgare
Korbblütengewächse

Juni–Oktober

Sonne

Nektar ★ ★
Pollen ★ ★

Lupine
Lupinus
Schmetterlingsblütler

Juni–August

Sonne

Nektar ★
Pollen ★ ★

Tauben-Skabiose
Scabiosa columbaria
Geißblattgewächse

Juni–Oktober

Sonne

Nektar ★ ★
Pollen ★ ★

Sollten Sie auf der Suche nach einem üppig blühenden Bodendecker sein, ist die **Polster-Glockenblume** eine gute Wahl. Sie hat keine besonderen Ansprüche an Lage und Boden, denn sie wächst im Schatten ebenso üppig wie in sonniger Lage. Sie wird von vielen Wildbienenarten geliebt und gilt als wichtige Nahrungsquelle für diverse oligolektische Wildbienen. Sie eignet sich für Steinanlagen, Steinfugen, Mauerkronen und gedeiht hervorragend im Balkonkasten. Die sehr ähnliche Polster-Glockenblume *Campanula poscharskyana* sollten Sie mit Vorsicht in Ihren Garten pflanzen. Sie breitet sich in unserem Garten invasivartig über ihre kriechenden Wurzeln aus und ist kaum einzudämmen. Sie wächst an unerwarteten Stellen wie an Mauern oder im Vollschatten.

Seit Menschengedenken wird der **Weiße Senf** als Gewürzpflanze angebaut. Die Samenkörner dieser Art sind weiß und schmecken mild würzig. Innerhalb weniger Tage sprießen die Keimlinge aus den Samenkörnern. Die Pflanze entwickelt sich rasch und kann bis zu 150 cm hoch wachsen. Eine wichtige Trachtpflanze für die Kreuzblütler-Spezialisten unter den Wildbienen.

Imposant wirken die großen Blüten der **Marien-Glockenblume**. In den Farben Rosa, Blau oder Weiß sitzen die Glocken dicht gedrängt an einem etwa 70 cm hohen Stiel. Die zweijährige Pflanze bevorzugt einen sonnigen Platz und mag nährstoffreiche, lockere Böden.

In einem naturnahen Garten sollte der **Rote Fingerhut** nicht fehlen. Die altbekannte, giftige Pflanze ist in Deutschland heimisch. Gering konsumierte Mengen der Pflanzen können tödlich enden. Daher sollte sie nicht in Gärten wachsen, in denen kleine Kinder spielen. Hummeln jedoch lieben den Fingerhut.

Ursprünglich stammt der **Punktierte Gilbweiderich** aus Südeuropa und der Türkei. Die anspruchslose Staude sollte im Garten eine Begrenzung bekommen, denn sie breitet sich stark aus und verdrängt benachbarte Pflanzen mit schwächerem Wuchs. Eine Besonderheit der Pflanze: Sie produziert Öle, die einen hohen Nährwert haben. Daher wird sie auch als Ölblume bezeichnet. Die Auen-Schenkelbiene *Macropis europaea* und die Wald-Schenkelbiene *Macropis fulvipes* sind auf Gilbweiderich spezialisiert.

Der **Hauhechel** ist mehrjährig, robust und pflegeleicht. Er mag trockene, sonnige Standorte und muss nur wenig gewässert werden. Der Dornige Hauhechel wächst aufrecht, die Stängel sind verholzt und dornig und erreichen eine Wuchshöhe von etwa 20-50 cm. Der Kriechende Hauhechel besitzt wenige, weiche Dornen und kann eine Wuchshöhe bis zu 60 cm erreichen. Er wächst ausläuferartig bis aufsteigend.

Polster-Glockenblume
Campanula portenschlagiana
Glockenblumengewächse

Juni-September

Sonne / Halbschatten

Nektar ★★
Pollen ★★

Weißer Senf
Sinapis alba
Kreuzblütengewächse

Juni-Oktober

Sonne

Nektar ★★★
Pollen ★★★

Marien-Glockenblume
Campanula medium
Glockenblumengewächse

Juni-Juli

Sonne / Halbschatten

Nektar ★ ★
Pollen ★ ★

Roter Fingerhut
Digitalis purpurea
Braunwurzgewächse

Juni-August

Sonne / Halbschatten

Nektar ★
Pollen ★ ★

Punktierter Gilbweiderich
Lysimachia punctata
Primelgewächse

Juni-August

Sonne / Halbschatten

Nektar
Pollen ★ ★
Öl

Hauhechel
Ononis spinosa
Schmetterlingsblütler

Juni-September

Sonne / Halbschatten

Nektar ★ ★
Pollen ★

Jedes Jahr zur Blüte der **Silber-Linde** und Krim-Linde im Hochsommer sterben unzählige Hummeln. Giftig sind die Linden nicht, das wurde nachgewiesen. Die Hummeln verhungern. Warum ausgerechnet unter der nektarreichen Linde? Das sonstige Nektarangebot ist zu dieser Jahreszeit insgesamt sehr gering. In den Städten liegt das zum Teil an den sterilen Gärten und blütenarmen Grünanlagen. Das bedeutet, die Hummeln sind bereits ausgehungert, bevor sie die stark duftenden Bäume erreichen. Oft treffen die besser organisierten Honigbienen bereits vor den Hummeln ein und ernten den Nektar ab. Für Abhilfe könnten blühende Wildblumenwiesen oder blühende Stauden unter den Linden sorgen.

Die anspruchslose **Kartoffel-Rose** eignet sich zur Wall- oder Flächenbepflanzung von Böschungen. Daher finden wir sie häufig in Parks und auf öffentlichen Flächen. Sie gehört zu der Gruppe der stark invasiven Pflanzen. Problematisch ist ihre Ausbreitung in naturnahen Dünengebieten an Nord- und Ostsee. Die folgenreiche Veränderung der Vegetation bringt Probleme für den Arten- und Biotopschutz. Dort verdrängt die wuchernde Kartoffel-Rose einheimische Gewächse.

Im späten Mittelalter wurde der **Gewöhnliche Gilbweiderich** als Heilmittel gegen Skorbut, Fieber und Geschwüre eingesetzt. Heute gilt er heilmedizinisch als unbedeutend. Gewöhnlicher und Punktierter Gilbweiderich sehen sich sehr ähnlich. Ein Unterscheidungsmerkmal des Gewöhnlichen Gilbweiderich ist der verzweigte, aufrechte Stängel im oberen Teil der Pflanze. Sie ist ebenfalls eine Ölblume und gibt neben Blütenstaub fette Öle ab.

Gewöhnliche Schafgarbe – Heilpflanze des Jahres 2004. Den Inhaltsstoffen des „Frauenkrautes" werden verschiedene Wirkungen nachgesagt. Die Pflanze soll unter anderem leicht krampflösend und antientzündlich wirken. Als Nahrungspflanze ist sie bei vielen Wildbienenarten beliebt. Es gibt überraschend viele verschiedene heimische Arten. Niedrig wachsende Sorten für den Steingarten, Tröge und Schalen, mittelhohe Sorten für Wildstaudenpflanzungen und hohe Sorten für das Beet.

Erst am Abend öffnet die **Nachtkerze** ihre Blüten um mit ihrem Duft Nachtfalter und Schwärmer zu locken. Der Nachtkerzenschwärmer, ein mittelgroßer Schmetterling, nutzt unter anderem die Nachtkerze als Nahrungspflanze. Der Distelfink frisst übrigens die Samen der Nachtkerze. Bleiben die Pflanzenstängel über den Winter stehen, wird der Distelfink sie mit Sicherheit als Nahrungsquelle aufsuchen.

Großblütige-Schönaster. Eine wunderschöne Staude mit perfektem Wuchs. Zartviolett erblühen die großen Blüten und färben sich gegen Ende ihrer Blühzeit weiß. Das Laub wiederum verfärbt sich im Herbst gelborange. Sie mag einen Platz am Gehölzrand an sonniger bis halbschattiger Lage auf frischem Boden.

Silber-Linde
Tilia tomentosa
Malvengewächse

Juni-Juli

Sonne

Nektar ★ ★ ★ ★
Pollen ★

Kartoffel-Rose
Rosa rugosa
Rosengewächse

Juni-September

Sonne / Halbschatten

Nektar
Pollen ★ ★

JUNI

BLÜHPFLANZEN

Gewöhnlicher Gilbweiderich
Lysimachia vulgaris
Primelgewächse

Juni-August

Sonne

Nektar
Pollen ★ ★
Öl

Gewöhnliche Schafgarbe
Achillea millefolia
Korbblütengewächse

Juni-September

Sonne

Nektar ★ ★
Pollen ★

Nachtkerze
Oenothera biennis
Nachtkerzengewächse

Juni-November

Sonne / Halbschatten

Nektar ★ ★
Pollen ★ ★

Großblütige-Schönaster
Kalimeris incisa 'Madiva'
Korbblütengewächse

Juni-August

Sonne / Halbschatten

Nektar ★
Pollen ★ ★

24.07. / 16:41 Uhr

BLUTWEIDERICH-LANGHORNBIENE

Eucera salicariae

Manchmal hat man einfach Glück, wie im Fall dieser Aufnahme des wunderschönen Langhornbienen-Männchens.

Nachdem ich bereits einige Stunden mit mäßig guten Fotos dieser Bienenart verbracht hatte, begann es plötzlich leicht zu regnen. Ein Männchen legte eine Regenpause ein und setzte sich direkt vor mich und meine Kamera an einen Grashalm, um ein ausgiebiges Nickerchen zu halten.

7

JULI

WILDBIENEN

BLÜHPFLANZEN

FILZBINDIGE SEIDENBIENE Colletes fodiens

Flugzeit: **Juli-September** / Vorkommen: **selten / gefährdet** / Größe: **♀ 9-11 mm ♂ 8-10 mm**
Blütenbesuch: **spezialisiert**

Alle Fotos zeigen Weibchen an den Blüten der Sand-Strohblume *Helichrysum arenarium*.

Erkennungsmerkmale:
♀ Kopfschild dicht behaart / Kopf zweifarbig bepelzt, gelbbraun und weiß / Thorax gelbbraun bepelzt / Hinterleib mit breiten, filzig dichten, hellen Haarbinden / Tergit 1 lang behaart, dicht punktiert
♂ wie das Weibchen, aber Tergit 2-5 länger, hell behaart / Sternit 6 mit Höckern
Lebensraum:
Sandgruben, Sand- und Lößgebiete, Brach- und Ruderalflächen, Hochwasserdämme
Lebensweise:
selbstgegrabene Erdnester in sandigen oder schütter bewachsenen Flächen
Kuckucksbiene:
Filzbiene *Epeolus variegatus*
Blütenvorliebe:
spezialisiert auf Korbblütler, vor allem Rainfarn

Da offene Sand- und Lehmgruben, Ruderalflächen und Trockenhänge in Deutschland rar werden, bekommt man auch die Filzbindige Seidenbiene selten zu Gesicht. Sie benötigt offene, sandige Bodenflächen mit wenig Vegetation für ihren Nestbau.

Sie gilt als oligolektisch und ist auf Korbblütler *Asteraceae* spezialisiert, innerhalb dieser Pflanzenfamilie besucht sie vor allem Rainfarn. Außerdem, wie abgebildet, die Sand-Strohblume oder Berufskraut, Geruchslose Kamille, Färberkamille, Feinstrahl, Schafgarbe, Jacobs-Greiskraut und Wiesen-Alant.

Männchen sind im Feld nicht von anderen Colletes-Arten zu unterscheiden. Die Weibchen sind der etwas häufigeren Rainfarn-Seidenbiene *Colletes similis* sehr ähnlich.

Die Weibchen der Filzbindigen Seidenbiene besitzen helle, filzig dichte, auffallend breite Hinterleibs-Endbinden. Die erste Binde ist mittig unterbrochen aber durchgehend leicht behaart. Die erste Binde der *Colletes similis* ist mittig deutlich unterbrochen, da diese nur seitlich winkelförmig behaart ist.

Ein Weibchen, vollbepackt mit Pollen der Sand-Strohblume *Helichrysum arenarium*.

HEIDE-FILZBIENE Epeolus cruciger

Flugzeit: Juli-August / Vorkommen: selten / gefährdet / Größe: 6-7 mm
Blütenbesuch: unspezialisiert

Die Aufnahme ganz links zeigt eine schlafende Heide-Filzbiene am fühen Abend.

Daneben und rechts: sammelnd an den Blüten des Wiesenklees *Trifolium pratense*.

Erkennungsmerkmale:

♀ Kopf und Thorax schwarz, stellenweise kurz, hell behaart / dunkelroter Fleck auf Thorax Scutellum / Hinterleib mit großen, weißen Filzflecken / zwei kleine Punkte am Flügelansatz / rötliche Beine / rotbraune Augen / kreuzartige Zeichnung auf dem Hinterleib

♂ wie das Weibchen aber grünlich hellbraune Augen

Lebensraum:

Waldsäume, Sandgebiete, Dünen, Sandgruben, Brach- und Ruderalflächen

Lebensweise:

Kuckucksbiene, lebt in den Habitaten ihrer Wirte

Wirtsbienen:

Seidenbienen: *Colletes marginatus, Colletes succinctus*, eventuell auch *Colletes hederae, Colletes graeffei, Colletes sierrensis*

Blütenvorliebe:

unspezialisiert, vermutlich die gleiche Pflanzenwahl wie die der Wirte

Die lateinische Bezeichnung „cruciger" bedeutet „kreuztragend" und verweist auf die unterbrochenen Filzbinden des Hinterleibes. Auf den ersten beiden, recht breiten Tergiten, entstehen durch die Unterbrechung der weißen Zeichnung die Negativformen eines Kreuzes. Die deutsche Bezeichnung verweist auf einen der Hauptlebensräume dieser Art und ihrer Wirte, Sandgebiete mit großen Heidebeständen.

Die wenigen Arten der Filzbienen sehen sich recht ähnlich und sind nicht immer leicht voneinander zu unterscheiden. Als Filzbienen sind sie unverkennbar.

Zum Schlafen beißen sich Filzbienen gerne mit ihren Oberkieferzangen an trockenen Halmen fest. Am frühen Morgen oder in den frühen Abendstunden mit Untergang der Sonne, kann man schlafende Filzbienen wunderbar beobachten. Absolut regungslos verharren sie dort und fühlen sich durch „ruhige" Beobachter nicht gestört.

Sie ist selten, da auch ihre Wirte recht selten zu finden sind. Daher wird sie auf der Roten Liste bedrohter Arten als gefährdet eingestuft.

BLUTWEIDERICH-LANGHORNBIENE *Eucera salicariae*

Flugzeit: **Juli-September** / Vorkommen: **sehr selten** / **gefährdet** / Größe: **9-10 mm**
Blütenbesuch: **unspezialisiert**

Das große Foto links zeigt ein Männchen bei der Nektaraufnahme.

Links: Ein sammelndes Weibchen an der bevorzugten Pollenquelle dem Blutweiderich *Lythrum salicariae*.

Der Hinterleib des Weibchens ist durch die cremefarbenen Filzbinden an der Basis der Hinterleibstergite unverkennbar.

Erkennungsmerkmale:

♀ Kopf und Thorax weißlich bis rötlichgelb behaart / Hinterleib mit sehr breiten, weißlich behaarten Filzbinden / Beinbürste hell behaart und voluminös

♂ Kopf und Thorax weißlichgelb behaart / auffällig lange Fühler / Tergit 6 mit weißer Endbinde / sonst ähnlich dem Weibchen

Lebensraum:
Auwiesen, Ufersäume, Sand- und Lehmgruben, Hochwasserdämme

Lebensweise:
primitiv-eusozial, selbstgegrabene Nester, teilweise in größeren Kolonien

Kuckucksbiene:
Schwarze Filzbiene *Triepeolus tristis*

Blütenvorliebe:
spezialisiert auf Blutweiderichgewächse *Lythraceaea*, besonders Blutweiderich *Lythrum salicariae*, Steinklee *Melilotus* wird auch angeflogen

Die Blutweiderich-Langhornbiene ist eine wärmeliebende Biene. In wärmeren Regionen Deutschlands, wie dem Kaiserstuhl, in Rheinland-Pfalz oder in Bayern, ist sie vereinzelt zu finden. Ihren Lebensraum sucht sie in Offenlandregionen, Auwiesen, Fluss- und Bachauen, Sand-, Lehm- und Kiesgruben.

Für ihren Nestbau gräbt sie verzweigte Gänge unter der Erde. Dafür benötigt sie lockere, vegetationsarme Böden. Bevorzugtes Bodensubstrat ist Löß oder Lößlehm, vereinzelt nutzt sie auch sandige Böden in Sand- und Kiesgruben.

Sie hat eine besondere Vorliebe für Blutweiderich, demnach ist sie an Fluss- und Bachsäumen, an Feuchtwiesen oder auf Auwiesen nahe ihrer bevorzugten Nahrungspflanzen zu finden.

Die Männchen tragen beinahe körperlange Fühler, auffallend große blaugrün gefärbte Komplexaugen und ein hellgelbes Kopfschild. Die Weibchen tragen auffällig helle, filzig behaarte, breite Binden und ebenfalls blaugrün gefärbte Komplexaugen.

Sie wird in Deutschland nur sehr selten gesichtet, und in der Roten Liste als gefährdete Art eingestuft.

Ein Männchen am Blutweiderich.

BLUTWEIDERICH-SÄGEHORNBIENE *Melitta nigricans*

Flugzeit: **Juli-August** / Vorkommen: **verbreitet / gefährdet** / Größe: **♀10-12 mm ♂10-11 mm**
Blütenbesuch: **streng spezialisiert**

Alle Fotos dieser Seite zeigen Männchen an den Blüten des Blutweiderich *Lythrum salicariae.*

Erkennungsmerkmale:

♀ Kopf und Rückenschild schwarz behaart / weitere Behaarung überwiegend weißlich / auffällig verbreiterte Krallenglieder [Füße] / Tergiten 2-3 schwarz behaart mit schmalen, weißen Endbinden / breite, weiße Endfranse mittig schwarz

♂ Kopfschild hell bepelzt / Körperbehaarung heller als beim Weibchen / Körper kleiner und schmaler / dünne, lange Fühler / verbreiterte Krallenglieder

Lebensraum:
Gewässersäume, Feuchtwiesen, Flussauen

Lebensweise:
solitär, selbstgegrabene Nester

Kuckucksbiene:
Wespenbiene *Nomada flavopicta*

Blütenvorliebe:
streng spezialisiert auf Blutweiderich *Lythrum salicaria*

Die Blutweiderich-Sägehornbiene ist eine streng oligolektische, also blütenspezialisierte Wildbienenart. Der Blutweiderich *Lythrum salicaria* gilt als ausschließliche Nektar- und Pollenquelle für das Weibchen wie auch als einzige Nektarquelle für das Männchen.

Der einheimische Blutweiderich ist eine wunderschöne, violettrote Wildstaude. Sie wächst an feuchten Wiesen und Teichufern und liebt nährstoffreiche, kalkhaltige, lehmige oder tonhaltige Böden. Eine tolle Staude zur Randbepflanzung des Gartenteiches.

Sägehornbienen leben solitär, sie graben einen senkrechten Hauptgang mit mehreren waagerechten Nebengängen in die Erde. An deren Ende befinden sich eiförmige Brutzellen, die durch Wachszellwände voneinander getrennt sind. Die Larven überwintern als Ruhelarve in einem gesponnenen Kokon und schlüpfen erst im Folgejahr. Die Nester werden in Böschungen von Hochwasserdämmen und in Abbruchkanten sandiger, löshaltiger oder lehmiger Böden angelegt.

In Deutschland gilt *Melitta nigricans* als historisch verbreitete Art. Heute gibt es nur noch wenige Funde. Sie wird als mäßig häufig bis verschollen eingestuft und als gefährdet gelistet.

Das Weibchen der Blutweiderich-Sågehornbiene transportiert als „Beinsammler" mit dichten Haarbürsten an den Hinterschienen den feuchten Blutweiderichpollen.

NEKTARMANGEL IM SOMMER
MIT GEZIELTER BEPFLANZUNG TRACHTLÜCKEN AUSGLEICHEN

Im Juli ist das Nahrungsangebot bereits geringer als im Frühsommer. Auslöser dafür sind neben blütenarmen Grünanlagen und Gärten die abgeernteten Felder, die von jetzt auf gleich eine ausgeräumte Landschaft hinterlassen. Um so wichtiger sind nun unsere Gärten.

Die **Indianernessel** wird häufig auch als Goldmelisse oder Scharlach-Monarde bezeichnet. Der aromatische Blütenduft der außergewöhnlichen Staude lockt zahlreiche Insekten an. Sie bevorzugt sonnige bis halbschattige Standorte im Beet oder in der Staudenrabatte.

Der **Purpur-Sonnenhut** blüht ab Mitte Juli. Er kann an vollsonniger Stelle im Garten eine Höhe von 100 cm erreichen und wächst auch im Halbschatten, bildet dann allerdings weniger Blüten aus.

Der schöne **Feld-Mannstreu** kommt in unseren Gärten relativ selten vor. Der heimische Doldenblütler trägt ein silbrig hellgrünes Blattwerk mit gleichfarbigen Blüten. Eine Kombination mit dem violetten Flachblatt-Mannstreu sieht fantastisch aus und lockt zudem jede Menge Bestäuber an. Die Mannstreu-Seidenbiene *Colletes hylaeiformis* ist auf Eryngium spezialisiert.

Im Bereich von Auenwäldern, Laubwäldern und Waldlichtungen ist die **Hainklette** zu Hause. Sie mag schattige Plätze. Ihre Stängel wachsen fast waagerecht abstehend mit überhängenden Blütenköpfen bis zu zwei Meter hoch. Sie könnte mit der Großen Klette verwechselt werden. Erkennungsmerkmal sind die kürzer gestielten Körbchen, diese sind höchstens 2 cm lang. Die Körbchenstiele der Großen Klette sind hingegen 7 cm lang.

Die zweijährige **Wilde Karde** kann eine imposante Höhe von zwei Metern erreichen und wächst gerne auf feuchten Böden. Sie dient Wildbienen und Schmetterlingen als Nahrungsquelle, die Samen werden von Distelfink und Dompfaff gefressen, und sie sammelt in ihren Blätterkelchen Wasser. Diese kleinen Wasserspeicher werden von vielen Tieren geschätzt.

Das **Meer-Mannstreu** – eher bekannt als Stranddistel ist eine zweijährige bis ausdauernde Dünenpflanze. Bis zu zwei Meter tief können ihre Pfahlwurzeln fest im Erdreich verankert sein. Nach der Bundesartenschutzverordnung sind die Wildbestände dieser Pflanzen in Deutschland besonders geschützt, denn sie gilt als stark gefährdet. Wichtige Hinweise: Abgepflückte Blütenstände kann die Pflanze nicht über neu nachwachsende Triebe ausgleichen. In Gärten kann sie nicht gepflanzt werden, da sie auf Böden angewiesen ist, die Nährsalze des Meeres enthalten.

Indianernessel
Monarda Gardenview Scarlet
Lippenblütler

Juli-September

Sonne / Halbschatten

Nektar ☆
Pollen ☆

Purpur-Sonnenhut
Echinacea purpurea
Korbblütengewächse

Juli-Oktober

Sonne / Halbschatten

Nektar ★★
Pollen ★★

JULI

BLÜHPFLANZEN

Feld-Mannstreu
Eryngium campestre
Doldenblütler

Juli-August

Sonne

Nektar ★ ★ ★ ★
Pollen ☆

Hainklette
Arctium nemorosum
Korbblütengewächse

Juli-September

Halbschatten / Schatten

Nektar ★ ★
Pollen ★ ★

Wilde Karde
Dipsacus fullonum
Kardengewächse

Juli-August

Sonne

Nektar ★ ★ ★
Pollen ★ ★

Meer-Mannstreu
Eryngium maritimum
Doldenblütler

Juli-Oktober

Sonne

Nektar ★ ★ ★
Pollen ☆

Stockrosen bilden eine eigene Gattung innerhalb der Familie der Malvengewächse. Die zweijährige Bauerngartenpflanze stammt ursprünglich aus dem östlichen Mittelmeerraum. Der besonders hohe Wuchs, sie kann über zwei Meter hoch werden, ist charakteristisch für die auffällige Staude. An ungeschützten Stellen benötigen die langen Blütenstängel eine Stütze. Sie mag sonnige, windgeschützte Plätze, beispielsweise an einer Hauswand. Gefüllte Sorten bieten Insekten keine Nahrung.

Der **Sommerflieder** stammt ursprünglich aus tropischen und subtropischen Gebieten Amerikas, Afrikas und Asiens. Die wilde Form des Sommerflieders gilt als problematisch invasive Art und breitet sich stark aus. Das Entfernen des Wilden Sommerflieders gestaltet sich als recht schwierig. Der widerstandsfähige Samenvorrat im Boden kann noch Jahre nach der Entfernung immer wieder Jungpflanzen hervorbringen. Es gibt Zuchtformen, die sich nicht invasiv ausbreiten. Der Sommerflieder ist eine wichtige Nahrungspflanze für diverse Schmetterlingsarten.

Der **Gelbe Sonnenhut** gilt als langlebige und winterharte Staude. Sie mag sonnige und leicht schattige Plätze im Gartenbeet. Ihr recht langer Blühzeitraum reicht von Juli bis September. Die bienenfreundliche Staude wächst buschig, aufrecht und locker horstig.

Die schöne **Schwarze Königskerze** eignet sich wunderbar zur Pflanzung in Beeten, Rabatten und sogar im Kübel. Mit einer Wuchshöhe von 120 cm erzielt die heimische Wildpflanze eine besondere Wirkung im Gartenbeet. Die zweijährige Heilpflanze liebt vollsonnige oder sonnige Lagen, benötigt sandige, stark durchlässige Böden.

Der **Wasserdost** eignet sich ideal für Teichrandbepflanzungen oder zur Pflanzung in schattige Bereiche des Gartens. Die Staude bevorzugt feuchte, nährstoffreiche und durchlässige Böden. Sie wird von vielen verschiedenen Insekten angeflogen. Neben der Wildform gibt es sehr schöne Zuchtformen mit dunklem Laub oder weißen Blüten.

Tiefblau bis Violett blüht der **Flachblatt-Mannstreu**. Die heimische Blaue Edeldistel ist eine beliebte Bienenweide. In unserem Garten wird sie besonders häufig von diversen Maskenbienen-Arten besucht. Die ausdauernde, krautige Pflanze erreicht eine Höhe von einem Meter. Eine außergewöhnlich schöner Doldenblütler, denn auch die Pflanzenstängel tragen das leuchtende Blauviolett der Blüten. Sie gehört eigentlich in jeden Garten.

Stockrose
Alcea rosea
Malvengewächse

Juli-September

Sonne

Nektar ★
Pollen ★ ★ ★

Sommerflieder
Buddleja davidii
Braunwurzgewächse

Juli–Oktober

Sonne / Halbschatten

Nektar ★
Pollen ★

Gelber Sonnenhut
Rudbeckia fulgida
Korbblütengewächse

Juli–Oktober

Sonne / Halbschatten

Nektar ★ ★
Pollen ★ ★

Schwarze Königskerze
Verbascum nigrum
Braunwurzgewächse

Juli–August

Sonne

Nektar ★ ★
Pollen ★ ★ ★

Wasserdost
Eupatorium cannabinum
Korbblütengewächse

Juli–September

Sonne / Halbschatten

Nektar ★ ★
Pollen ★ ★

Flachblatt-Mannstreu
Eryngium planum
Doldenblütler

Juli–Oktober

Sonne

Nektar ★ ★ ★
Pollen ★ ★

Wilder Majoran oder auch Dost oder Oregano genannt, ist aromatisches Würzkraut, Heilkraut, Bienenweide und Schmetterlingsweide zugleich. Und er duftet angenehm. Eine wunderbare Wildpflanze, die in jeden Naturgarten gehört. Bereits viele Jahrhunderte vor unserer Zeit wurde der Dost in Kloster- und Burggärten angebaut.

Der buschig aufrecht wachsende **Langblättrige Ehrenpreis** bevorzugt sonnige bis halbschattige Standorte, nährstoffreiche und feuchte Böden. Die wärmeliebende Pflanze ist in feuchten Uferstaudenfluren, an Auengebüschen und in Moorwiesen zu Hause. Sie ist nach der Bundesartenschutzverordnung „besonders geschützt" und wird in der Roten Liste Deutschlands als „gefährdet" eingestuft. Die abgebildete weiße Sorte ist eine Zuchtform.

Ursprünglich stammt die **Kapuzinerkresse** aus Mittel- und Südamerika. Sie ist eine schnellwüchsige und einjährige Kletterpflanze. An Rankhilfen klettert sie in die Höhe, ebenso gut ist sie als Bodendecker einsetzbar. Sie liebt sonnige Plätze und wird von vielen Insekten aufgesucht. Der Ohrwurm versteckt sich gerne in den leuchtend bunten Blüten.

Rund 65 Sorten der in Nordamerika heimischen **Sonnenblume** gibt es insgesamt. Einige davon können eine Höhe von über drei Meter erreichen. Manche sind nur 25 cm klein. Bei uns ist die Gewöhnliche Sonnenblume sicher die Bekannteste unter ihnen. Als Nutzpflanze wird sie hauptsächlich zur Gewinnung von Öl und zur Ernte von Sonnenblumenkernen angebaut. Mit ihrem reichen Pollen- und Nektarangebot gilt sie als gute Bienenweide.

Die großen Blüten des **Schmuckkörbchen** locken unterschiedliche Bestäuber an. Auch sie ist hier nicht heimisch. Sie stammt aus Mexiko und Brasilien. In sonniger Lage erreicht sie eine deutliche höhere Blütenfülle als in Schattenlagen.

Die Blühzeit der **Ballonblume** ist recht kurz. Einen Monat lang zeigt sie ihre auffällig großen Blüten in Violett oder Weiß. Da sie Pollen und Nektar bietet, wird sie von Fluginsekten angeflogen. Die Weibchen der Glockenblumen-Scherenbiene *Chelostoma rapunculi* wie auch die Smaragdgrüne Schmalbiene *Lasioglossum morio* konnte ich bei der Nektaraufnahme an den Blüten beobachten.

Imposant und elegant wirkt der **Wahre Bärenklau**. Die Blüten der außergewöhnlichen Staude sind zahlreich. Das langstielige Laub markant geformt. Insgesamt eine besondere Erscheinung, die etwas Platz im Beet benötigt. Kleinere benachbarte Pflanzen werden von ihr verdrängt, daher sollte sie einen Standort im Garten bekommen, an dem sie sich ausbreiten darf. Sie wächst auch im Schattengarten. Mit dem aus dem Kaukasus stammenden, invasiven Neophyten, dem Riesen-Bärenklau *Heracleum mantegazzianum*, ist der Wahre Bärenklau nicht verwandt.

Wilder Majoran
Origanum vulgare
Lippenblütler

Juli-September

Sonne

Nektar ★ ★ ★
Pollen ★ ★

Langblättriger Ehrenpreis
Veronica longifolia
Wegerichgewächse

Juli-August

Sonne

Nektar ★ ★
Pollen ☆

JULI

BLÜHPFLANZEN

Kapuzinerkresse
Tropaeolum
Kapuzinerkressen-gewächse

Juli-bis zum ersten Frost

Sonne / Halbschatten

Nektar ★★
Pollen ★★

Sonnenblume
Helianthus annuus
Korbblütengewächse

Juli-September

Sonne

Nektar ★★★
Pollen ★★★

Schmuckkörbchen
Cosmea bipinnata
Korbblütengewächse

Juli-September

Sonne

Nektar ★★
Pollen ★★

Ballonblume
Platycodon grandiflorus
Glockenblumengewächse

Juli-August

Sonne

Nektar ★★
Pollen ★★

Wahrer Bärenklau
Acanthus mollis
Akanthusgewächse

Juni-September

Sonne / Halbschatten

Nektar ★★
Pollen ★★★

Das **Garten-Schönauge** entwickelt buschig wachsende Blütenteppiche mit unzähligen Blüten. Die Staude breitet sich recht schnell aus. Der Dauerblüher mag sonnige Lagen, wächst aber auch an einem absonnigen Platz.

Die genügsame **Echte Hauswurz** eignet sich hervorragend für den Steingarten, für Dachgärten und Mauerkronen. Sie liebt die Sonne. Trockenheit macht ihr nichts aus, im Gegenteil. Zu feuchte oder schattige Lagen führen dazu, dass die Pflanze nicht blüht. Im Tontopf auf der Terrasse oder dem Balkon fühlt sie sich ebenfalls sehr wohl. Wichtig ist nur, dass keine Staunässe entsteht.

Lehmige, etwas kalkhaltige und feuchte Böden braucht das **Zottige Weidenröschen**, um sich wohlzufühlen. In der Natur wächst es an Bächen, Gräben, Wasserquellen und Teichufern. Das mehrjährige Nachtkerzengewächs kann eine Maximalhöhe von 150 cm erreichen. Eine schöne Wildstaude für den Gartenteich.

Die aus Asien stammende **Herbst-Anemone** wurde im 19. Jahrhundert in Mitteleuropa eingeführt. Ende Juli beginnt ihre Blühzeit. Ihre Blütenfarben variieren von Weiß bis Rosa oder Karminrot. Sie mag sonnige und halbschattige Lagen. Der Boden sollte stets feucht, aber nicht nass sein. Viele Kultursorten werden als *Anemone hupehensis* bezeichnet, sie neigen zum Verwildern und können sich je nach Standort stark ausbreiten.

Zitronengelb bis Orangegelb blüht die **Strauch-Tagetes**. Sie wirkt wegen ihrer feingliedrigen Verzweigungen luftig elegant. Eine auffällige, reich blühende Gartenpflanze, die jede Menge Bienen anlockt.

Strohblumen gibt es in vielen Farbvarianten wie Weiß, Gelb, Rosa, Rot, Orange, Dunkelrot bis Braunrot. Teilweise sind sie mehrfarbig innerhalb einer Blüte. Ihr Pollenangebot stellen sie offen zur Schau und locken Honigbienen und Hummeln an. Eine schöne, pflegeleichte Pflanze, die allerdings einjährig ist.

Ausdauernd und blütenreich zeigt sich der **Netzblattstern** von Anfang Juli bis in den September. Das Laub ist hellgrün und quirlig – die Blätter linear. Sie wächst aufrecht hostig und erreicht eine Höhe von bis zu 40 cm. Eine farblich sehr schöne Sorte ist der Netzblattstern 'Moonbeam'. Die Blütenfarbe ist Zartgelb, Laub und Blätter sind frisch Grün.

Garten-Schönauge
Coreopsis rosea
Korbblütengewächse

Juli-September

Sonne / Halbschatten

Nektar ★ ★
Pollen ★ ★

Echter Hauswurz
Sempervivum tectorum
Dickblattgewächse

Juli-September

Sonne

Nektar ★ ★
Pollen ★ ★

Zottiges Weidenröschen
Epilobium hirsutum
Nachtkerzengewächse

Juli-September

Sonne / Halbschatten

Nektar ★ ★ ★
Pollen ★ ★

Herbst-Anemone
Anemone hupehensis
Hahnenfußgewächse

Juli-Oktober

Sonne / Halbschatten

Nektar
Pollen ★ ★

Strauch-Tagetes
Tagetes lemmonii
Korbblütengewächse

Juli-Oktober

Sonne

Nektar ★ ★
Pollen ★

Strohblume
Helichrysum bracteatum
Korbblütengewächse

Juli-September

Sonne

Nektar ☆
Pollen ★ ★

Netzblattstern
Coreopsis verticillata
Korbblütengewächse

Juli-September

Sonne

Nektar ★ ★
Pollen ★ ★

Bereits in der zweiten Hälfte des 16. Jahrhunderts wurde die aus Nordafrika und Südeuropa stammende **Breitblättrige Platterbse** nach Mitteleuropa gebracht. Die Staudenwicke gehört zu der Unterfamilie der Schmetterlingsblütler. Wildbienen wie die Platterbsen-Mörtelbiene *Megachile ericetorum*, die Zaunwicken-Sandbiene *Andrena lathyri* und die Mai- oder Juni-Langhornbiene *Eucera longicornis* sind auf solche Blüten spezialisiert. Aber auch Hummeln oder Holzbienen können an den nicht einfach zugänglichen Nektar gelangen. Eine unkomplizierte Bienenweidepflanze.

Die Geschichte des **Echten Alant** reicht noch weiter zurück. In der Antike wurde sie als Gewürz- und Heilpflanze eingesetzt. Sie ist eine schöne Pflanze für den Bauerngarten, da sie eine Höhe von 200 cm erreicht. Sie kann als Solitär-Staude einzeln gepflanzt werden, da ihr Wuchs aufrecht und breit ausladend ist. Ein wertvoller Sommerblüher für Wildbienen und Schmetterlinge.

Das reich verzweigte, weiße **Silber-Greiskraut** ist ein buschig wachsender Halbstrauch. Er erreicht eine Höhe von etwa 60 cm. Die Pflanze ist pflegeleicht. Sie benötigt nur wenig Wasser und wächst recht schnell. Die Blüten werden von diversen Fluginsekten besucht.

Die sich stark ausbreitende **Kanadische Goldrute** und die Riesen-Goldrute sollten aus Gärten entfernt werden. In der freien Natur haben sich diese Arten durch ihre starke Versamung rasant ausgebreitet. Die Folgen für unsere heimische Flora sind verheerend. Heimische Arten werden flächendeckend verdrängt.

Die heimische **Gewöhnliche Goldrute** dagegen ist eine wertvolle Gartenpflanze. Folgende Goldruten-Züchtungen und Hybriden können Sie ebenfalls bedenkenlos anpflanzen: Solidago- 'Golden Shower', 'Juligold', 'Septembergold' und 'Sonnenschein'.

Die als Acker-Unkraut bezeichnete **Acker-Kratzdistel** gilt als ökologisch wichtige Nektarquelle für viele Insekten. Vor allem wird sie von diversen Schmetterlingsarten als verlässliche Nahrungsquelle aufgesucht. Der Braundickkopffalter Thymelicus sylvestris, der Hauhechel-Bläuling Polyommatus icarus und das Große Ochsenauge *Maniola jurtina* fliegen die Acker-Kratzdistel zur Nektaraufnahme an. Da sie waagrecht verlängerte, kriechende Rhizome ausbildet, sollte sie nur mit Vorsicht in Gärten gepflanzt werden.

Ebenso wertvoll ist die **Schwarze Flockenblume**. Mit ihren kugeligen Blütenköpfen sieht sie eher aus wie eine Distel. Die ausdauernd krautige Pflanze gilt als wichtige Nahrungsquelle für Wildbienen und Schmetterlinge. In unserem Garten breitet sie sich über Versamung üppig aus. Sie eignet sich bestens für Wildstaudenpflanzungen auf mageren Böden. Seit die Schwarze Flockenblume in unserem Garten blüht, besucht uns die auf Korbblütler spezialisierte, selten vorkommende Zweihöckerige Mauerbiene *Osmia leaiana*. Die Schwarze Flockenblume scheint dem Weibchen besonders gut zu gefallen.

Breitblättrige Platterbse
Lathyrus latifolius
Schmetterlingsblütler

Juli-August

Sonne / Halbschatten

Nektar ★ ★
Pollen ★

Echter Alant
Inula helenium
Korbblütengewächse

Juli-September

Sonne

Nektar ★ ★
Pollen ★ ★ ★

JULI

BLÜHPFLANZEN

Silber-Greiskraut
Jacobaea maritima
Korbblütengewächse

Juli–Oktober

Sonne

Nektar ☆
Pollen ☆

Kanadische Goldrute
Solidago canadensis
Korbblütengewächse

Juli–Oktober

Sonne

Nektar ★ ★ ★
Pollen ★ ★

Gewöhnliche Goldrute
Solidago virgaurea
Korbblütengewächse

Juli–Oktober

Sonne

Nektar ★ ★ ★
Pollen ★ ★

Acker-Kratzdistel
Cirsium arvense
Korbblütengewächse

Juli–September

Sonne

Nektar ★ ★ ★
Pollen ★ ★ ★

Schwarze Flockenblume
Centaurea nigra
Korbblütengewächse

Juli–September

Sonne

Nektar ★ ★ ★
Pollen ★ ★ ★

Sowohl die Blüten als auch die Blätter der **Wasser-Minze** verströmen einen starken Minzduft. Sie wächst in Wassernähe oder auch direkt im Wasser stehend. Die wuchsfreudige Wasser-Minze breitet sich ausläuferbildend aus. Sie gilt als eine gut besuchte Insektenweide, ihre hellviolett bis rosafarbenen kugeligen Blüten locken Wildbienen, Schwebfliegen und Schmetterlinge an.

Die **Rundblättrige Apfel-Minze** ist eine klassische Tee-Minze mit ebenfalls geringem Mentholgehalt. Ihr Geruch erinnert an grüne Äpfel. Die Blätter sind weich und pelzig. Sie kann in einen schattigen Garten gepflanzt werden, fühlt sich aber auch in sonniger Lage wohl. Beide Minzpflanzen werden von Schmetterlingen und verschiedenen Wildbienen-, Fliegen-, und Wespenarten zur Nahrungsaufnahme angeflogen.

Der schöne **Teufelsabbiss** ist leider aus unserer Kulturlandschaft vielerorts verschwunden. Seine natürliche Umgebung sind Moorwiesen, Magerrasen oder magere Offenlandschaften. Die himbeerartige Blütenknospe entwickelt kugelige, hellblau bis violett gefärbte Blüten. Für zahlreiche Schmetterligsarten ist er ein wichtiger Nektarlieferant, wie für das Landkärtchen Araschnia levana f. prorsa, das Große Ochsenauge *Maniola jurtina* oder den Skabiosen-Scheckenfalter *Euphydryas aurinia*. Wildbienen wie die seltene Skabiosen-Sandbiene *Andrena marginata* und die sehr seltene Skabiosen-Hosenbiene *Dasypoda argentata* sind auf den Teufelsabbiss spezialisiert.

Die **Pfeffer-Minze** ist nur eine von 25-30 anerkannten Arten. Sie unterscheidet sich durch den hohen Mentholgehalt von den zuvor genannten Minzen. Der schärfere Geschmack führt daher zu der Bezeichnung Pfeffer-Minze.

Der **Ysop** ist Würzkraut, Heilpflanze und bienenfreundliche Staude zugleich. Das hohe Angebot an Nektar und Pollen lockt Wildbienen, Honigbienen, Schmetterlinge und weitere Bestäuber an. Die Blüten des Ysop sind leuchtendblau oder violett gefärbt, selten weiß oder rosafarben. Abgebildet ist *Hyssopus officinalis var. roseus* mit rosafarbenen Blüten.

Einen wunderbaren Duft nach frischem Salbei gibt die **Blauraute** ab. Daher wird sie auch Russischer Salbei genannt. Eine wunderschöne, auffällige Staude mit weißsilbrigem Laub und violetten Blüten. Sie erreicht eine stattliche Wuchshöhe von 100 cm und blüht ausdauernd bis in den Oktober. Sie benötigt Platz, denn sie kann 50 cm bis 100 cm in die Breite wachsen.

Das Echte- oder **Tüpfel-Johanniskraut** wird auch Durchlöchertes Johanniskraut genannt. Die Laubblätter sind dicht mit durchscheinenden Öldrüsen bzw. punktuellen Gewebslücken besetzt. In diesen Lücken ist helles, ätherisches Öl konzentriert. Daher scheinen die Blätter durchlöchert.

Wasser-Minze
Mentha aquatica
Lippenblütler

Juli-September

Sonne / Halbschatten

Nektar ★★
Pollen ★

Rundblättrige Apfel-Minze
Mentha suaveolens
Lippenblütler

Juli-August

Sonne / Halbschatten

Nektar ★★
Pollen ★

JULI

BLÜHPFLANZEN

Teufelsabbiss
Succisa pratensis
Geißblattgewächse

Juli-September

Sonne

Nektar ★
Pollen ★ ★

Pfeffer-Minze
Mentha piperita
Lippenblütler

Juli-August

Sonne / Halbschatten

Nektar ★ ★
Pollen ★

Ysop
Hyssopus officinalis var. roseus
Lippenblütler

Juli-September

Sonne / Halbschatten

Nektar ★ ★ ★
Pollen ★ ★ ★ ★

Blauraute
Perovskia abrotanoides
Lippenblütler

Juli-Oktober

Sonne / Halbschatten

Nektar ★ ★ ★
Pollen ★ ★

Tüpfel-Johanniskraut
Hypericum perforatum
Johanniskrautgewächse

Juli-September

Sonne / Halbschatten

Nektar
Pollen ★ ★ ★

Die **Dahlie** stammt ursprünglich aus Mexiko. Ende des 18. Jahrhunderts gelangte sie zu uns. Mittlerweile gibt es unzählige Züchtungen. Für Insekten sind allerdings nur die offenblütigen Dahlien interessant. Die gefüllten Blüten bieten keine Nahrung.

Etwa 40 Arten gehören zu der Gattung der **Sonnenbraut**. In voller Sonne und bei nährstoffreichem Boden bilden sie reich blühende Blütenteppiche. Manche der Arten sind ein- oder zweijährig. Schnecken mögen die frischen Triebe der Pflanze.

Die **Gelenkblume** wird auch Etagenerika genannt. Sie wächst straff bis zu 90 cm aufwärts und präsentiert eine außergewöhnliche Blütenform in Schneeweiß oder Rosa. Sie ist pflegeleicht und blühfreudig. Die bienenfreundliche Pflanze breitet sich recht stark aus, benötigt daher etwas Platz. Eine ausgesprochen auffällige, lang blühende Gartenpflanze, die von Hummeln angeflogen wird.

Der **Kerzen-Knöterich** stammt ursprünglich aus den Berglandschaften des Himalaya. Bevorzugt in schattigen Lagen. Die Staude wächst horstig und erreicht maximal eine Höhe von 120 cm. Sie breitet sich nicht durch Selbstaussaat oder Ausläufer aus wie der wuchernde, invasive Japanische Stauden-Knöterich.

Strahlen-Aster '*Callistephus chinensis*' – hier gibt es nur wenige, ungefüllte Sorten. Die hier abgebildete Aster wird auch Riesen-Strahlen-Aster genannt. Ihre Blüten erreichen einen Durchmesser von 20 cm. Die eindrucksvollen Blüten stehen auf kräftigen, ca. 60 cm hohen Stielen. Die Blütenblätter sind zugespitzt und leicht verdreht. Sie ist in verschiedenen Farben erhältlich.

Bei über 180 Aster-Arten wird es mit der genauen Pflanzenbezeichnung recht schwierig. Viele Arten sind sich zum Verwechseln ähnlich. Die große Familie der Korbblütengewächse ist übrigens nach ihnen benannt: *Asteraceae*. Einige Astern sind bei uns heimisch, wie beispielsweise die Berg-Aster Aster amellus, Alpen-Aster Aster alpinus, Gold-Steppenaster Galatella linosyris und die Strand-Aster Tripolium pannonicum. Die nicht heimischen Astern sollten jedoch ebenso einen Platz in unseren Gärten finden. Bevorzugt solche mit ungefüllten Blüten. Denn im Spätsommer gehören die üppig blühenden Astern zu wichtigen Pollen- und Nektarlieferanten.

Ein zarter Blütenduft begleitet den **Echten Eibisch**. Die große Staude, sie kann eine Höhe von zwei Metern erreichen, ist winterhart. Sie benötigt einen tiefen, salzhaltigen Boden an sonnigen Orten und muss regelmäßig gegossen werden, da sie schnell austrocknen kann. Die Malven-Langhornbiene *Eucera macroglossa* ist auf Malven spezialisiert.

Dahlie
Dahlia
Korbblütengewächse

Juli-September

Sonne

Nektar ★
Pollen ★ ★ ★

JULI

BLÜHPFLANZEN

Sonnenbraut
Helenium Hybride
Korbblütengewächse

Juli–September

Sonne

Nektar ★ ★ ★
Pollen ★ ★ ★

Gelenkblume
Physostegia virginiana
Lippenblütler

Juli–Oktober

Sonne

Nektar ★ ★
Pollen ★

Kerzen-Knöterich
Bistorta amplexicaulis
Knöterichgewächse

Juli–Oktober

Halbschatten

Nektar ★ ★ ★
Pollen ★ ★

Strahlen-Aster
Callistephus chinensis
Korbblütengewächse

Juli–Oktober

Sonne

Nektar ★ ★ ★
Pollen ★ ★ ★

Echter Eibisch
Althaea officinalis
Malvengewächse

Juli–September

Sonne

Nektar ★ ★
Pollen ★ ★ ★

EFEU-SEIDENBIENE
Colletes hederae

8

AUGUST

WILDBIENEN

BLÜHPFLANZEN

EFEU-SEIDENBIENE Colletes hederae

Flugzeit: August-Oktober / Vorkommen: häufig / ungefährdet / Größe: ♀ 9-14 mm ♂ 9-12 mm
Blütenbesuch: eingeschränkt spezialisiert

Die beiden größeren Fotos zeigen Männchen.

Links ein sammelndes Weibchen am blühenden Gemeinen Efeu *Hedera helix*.

Ein Weibchen krabbelt aus dem Nest.

Erkennungsmerkmale:

♀ Körper braun behaart / Thorax dicht rotbraun bepelzt, an den Seiten heller / Hinterleib schwarz, matt glänzend mit cremefarbenen, breiten Binden

♂ wie das Weibchen / Hinterleib weniger glänzend / hellere Binden

Lebensraum:
Efeubestände mit nahe gelegenen Lößwänden, Sandflächen und Hängen

Lebensweise:
selbstgegrabene Nester in der Erde, teils größere Kolonien

Kuckucksbiene:
Heide-Filzbiene *Epeolus cruciger*,
Efeu-Filzbiene *Epeolus fallax*

Blütenvorliebe:
bevorzugt Efeu, alternativ auch: Gallen-Sumach, Gelber Zahntrost, Heidekraut, Herbstzeitlose, Kanadische Goldrute, Habichtskraut

Colletes hederae ist unverwechselbar, da sie erst spät im Jahr unterwegs ist, bevorzugt Efeu anfliegt und mit ihren 14 mm zu den größeren Wildbienenarten zählt. Keine weitere Art ist so spät im Jahr an Efeublüten zu finden, daher handelt es sich immer um die Efeu-Seidenbiene.

Gemeinsam mit den letzten Honigbienen im Jahr, einigen Schwebfliegenarten und Wespen schwirren sie um die Blütenstände des Efeus. Sind die Blüten zum Zeitpunkt des Schlupfes noch nicht verfügbar, werden auch andere Pollenquellen genutzt wie: Gallen-Sumach, Gelber Zahntrost, Heidekraut, Herbstzeitlose, Kanadische Goldrute und Habichtskraut.

Der Wissenschaft ist diese Seidenbienen-Art erst seit 1993 bekannt. Sie wurde zuvor schlichtweg mit ähnlichen Seidenbienen-Arten verwechselt. Aktuell breitet sie sich erfolgreich in Deutschland aus, seit 2014 besucht sie auch den Efeu unseres Gartens.

Die Nester der Efeu-Seidenbiene werden bevorzugt in senkrecht abfallende Löß- oder Sandhänge zunächst waagerecht, später aber annähernd senkrecht gegraben und können bis zu 6 cm in die Tiefe reichen. Vier bis sechs Brutzellen werden dort einzeln oder hintereinander angelegt.

Ein ruhendes Männchen auf einem Blatt des Efeus.

SPÄTSOMMER
LETZTE NAHRUNGSQUELLEN FÜR SPÄTE BIENEN

Der einjährige, krautige **Rote Zahntrost** wird auch Später Zahntrost genannt. Die heimische Pflanze wächst aufrecht und erreicht eine Höhe von etwa 60 cm. Blätter und Stängel sind weißlich, weich behaart. Kleine, recht unauffällige Blüten bilden sich in einer einseitigen Traube. Ihre Blütezeit beginnt im Juli oder August und reicht bis in den September. Die Zahntrost-Sägehornbiene *Melitta tricincta* ist streng spezialisiert auf Zahntroste, auch der Gelbe Zahntrost *Odontites luteus* wird angeflogen.

Den **Gemeinen Augentrost** findet man in Magerrasen, mageren Wiesen und Wegrainen. Die alte Heilpflanze ist einjährig und gilt nicht als gefährdet. Sie enthält Substanzen, die noch heute zur Behandlung von Augenleiden eingesetzt werden. Der nicht abgebildete Steife Augentrost *Euphrasia stricta* ist dieser Art sehr ähnlich, jedoch deutlich seltener zu finden.

Stattliche zwei Meter Höhe kann die **Wilde Engelwurz** erreichen. Sie ist ein Blickfang im Garten und kann ohne Bedenken gepflanzt werden, denn sie breitet sich nicht aus. Über den Winter sollten die verblühten Pflanzen stehen bleiben, denn in den hohlen Stängeln überwintern verschiedene Insektenlarven. Wohin aber im Frühjahr mit den bewohnten, trockenen Pflanzenständen? Wenn Sie die Möglichkeit haben, diese aufrecht im Garten zu lagern, bis die Bewohner geschlüpft sind, wäre das der Idealfall. Bei wild wachsenden Pflanzen entsteht diese Problematik nicht, die Pflanzenstände überdauern, bis sie in sich zusammenfallen, die Bewohner können rechtzeitig ausziehen.

Die **Artischocke** kann wunderbar mit dem Wilden Engelwurz kombiniert werden. Sie erreicht ebenfalls eine Höhe von zwei Metern. Sollte sie nicht auf dem Teller landen, blüht sie wunderschön mit zahlreichen blauvioletten, nektar- und pollenreichen Blüten. Auch sie kann in getrockneter Form in eine Ecke des Gartens gestellt werden. Wichtig ist nur, dass die trockenen Pflanzen nicht im feuchten Boden stecken und von unten zu faulen beginnen.

Wunderschöne **Bartblume**. Sie duftet angenehm, ist außergewöhnlich schön und lockt Hummeln und andere Bienen an. Im Frühjahr benötigt der etwa ein Meter hohe Halbstrauch einen kräftigen Rückschnitt, denn er bildet die Blüten am einjährigen Trieb. Der Standort sollte vollsonnig und geschützt sein, der Boden durchlässig und nährstoffreich.

Roter Zahntrost
Odontites vulgaris Moench
Braunwurzgewächse

Juli/August-September

Sonne

Nektar ★ ★ ★
Pollen ☆

Gemeiner Augentrost
Euphrasia officinalis subsp.
Braunwurzgewächse

August-September

Sonne

Nektar ★ ★ ★
Pollen ☆

Wilde Engelwurz
Angelica sylvestris
Doldenblütler

Juli/August-September

Sonne

Nektar ★ ★ ★
Pollen ☆

Artischocke
Cynara cardunculus
Korbblütengewächse

August-September

Sonne

Nektar ★ ★ ★
Pollen ★ ★ ★

Bartblume
Caryopteris clandonensis 'Sterling Silber'
Lippenblütler

August-Oktober

Sonne

Nektar ★ ★ ★
Pollen ★ ★

Ein spätes Blütenmeer von August bis in den Oktober beschert uns die **Berg-Aster** *Aster amellus 'Mira'.* Sie bildet buschige Horste und erreicht Wuchshöhen bis zu 60 cm, gerne in vollsonniger Lage mit kalkhaltigem Boden. Die seltene Bedornte Mauerbiene *Osmia spinulosa* ist auf Korbblütler spezialisiert und besucht unter anderem die Berg-Aster. Als Bewohner trockenwarmer Lebensräume ist sie manchmal sogar in naturnahen Gärten und Parks zu beobachten.

Die **Schleier-Aster** *Aster cordifolius* öffnet ihre hell-violettfarbenen Blüten erst gegen Ende August. Locker verzweigte Stängel tragen kleine, sternförmige Blüten, die in ihrer Vielzahl einen lockeren Blütenschleier über die hochwachsende Staude legen. Sie kann eine Höhe von einem Meter erreichen.

Eigentlich sieht sie aus wie eine Margerite, die rosafarbene **Margeriten-Aster** gehört jedoch zu den Astern. Die etwa einen Meter hohen Stängel tragen Blüten in den Farben Weiß, Rosa, Rot, Hellblau, Lila und Dunkelblau. Sie mag sonnige, aber auch halbschattige Plätze mit nahrhaften Böden.

Raue Gebirgsregionen gehören zu seinen natürlichen Lebensräumen. Der **Blaue Eisenhut** ist anpassungsfähig, auch an für ihn eher unüblichen Stellen im Garten gedeiht er prächtig. Er wächst zum Beispiel auch im Schattengarten, ohne weniger Blüten zu bilden. Die gesamte Pflanze ist giftig! Gartenhandschuhe werden bei Kontakt mit der Pflanze empfohlen. Der Blaue Eisenhut steht unter Naturschutz und darf nicht aus der Natur entnommen werden. Ein Blütenspezialist dieser Pflanze ist die extrem seltene oligolektische Eisenhut-Hummel *Bombus gerstaeckeri*. Sie sammelt Pollen am Blauen Eisenhut *Aconitum napellus*, am gelben Wolfs-Eisenhut *Aconitum vulparia* und in Ausnahmefällen auch mal an der Silberdistel *Carlina arcaulis*.

Ende August erblüht die **Glattblatt-Aster** *Novi-belgii 'Dauerblau'.* Ihr Wuchs ist reichverzweigt mit lanzettartigem Laub und leuchtend blauen, halb gefüllten Blüten. Für Honigbienen und späte Hummeln ist sie eine der letzten guten Bienenweiden. Sie blüht bis spät in den Oktober hinein.

Die **Raublatt-Aster** trägt im Gegensatz zu den Glattblatt-Astern leicht behaartes, samtiges Laub. Die meisten Vertreter dieser Art schließen über Nacht ihre Blüten. Die Blüten der Glattblatt-Aster bleiben dagegen über Nacht geöffnet. Die Raublatt-Aster kann eine Höhe vom 160 cm erreichen, daher eignet sich ein sonniger Platz an einem Zaun. Hummeln, Schmalbienen, Honigbienen und Schmetterlinge freuen sich über den späten Dauerblüher.

Berg-Aster
Aster amellus 'Mira'
Korbblütengewächse

August-Oktober

Sonne / Halbschatten

Nektar ★ ★ ★
Pollen ★ ★ ★

Schleier-Aster
Aster cordifolius 'Ideal'
Korbblütengewächse

August-September

Sonne / Halbschatten

Nektar ★ ★
Pollen ★ ★

Margeriten-Aster
Chrysanthemum frutescens
Korbblütengewächse

August-Oktober

Sonne / Halbschatten

Nektar ☆
Pollen ☆

Blauer Eisenhut
Aconitum napellus
Hahnenfußgewächse

Juli-August

Sonne / Halbschatten

Nektar ★ ★ ★
Pollen ★ ★

Glattblatt-Aster
Aster novi-belgii 'Dauerblau'
Korbblütengewächse

August-Oktober

Sonne

Nektar ★ ★ ★
Pollen ★ ★ ★

Raublatt-Aster
Aster novae-angliae 'Rudelsburg'
Korbblütengewächse

August-September

Sonne

Nektar ★ ★ ★
Pollen ★ ★ ★

Die robuste **Weiße Wald-Aster** wächst an sonnigen Plätzen aufrecht in die Höhe und in schattigen Lagen in Bodennähe lagernd als Bodendecker. Sie breitet sich recht schnell aus, benötigt daher etwas Platz im Beet. Unter Bäumen fühlt sie sich besonders wohl. Da sie eine hohe Toleranz gegen Wurzeldruck aufweist, kommt sie sogar unter Birken zurecht.

Oft sorgt die **Herbstzeitlose** für Verwirrung, denn sie kann mit dem Krokus verwechselt werden. Letzterer ist allerdings kleinblütiger. Die spät blühende Herbst-Zwiebelpflanze öffnet von August bis Oktober ihre großen, blass-lilafarbenen Blüten. Auf feuchten, nährstoffreichen Böden, im schattigen Bereich unter Bäumen oder Wiesen, kann sie einen dichten Blütenteppich entwickeln. Vorsicht – die Pflanze ist sehr giftig.

Auch bei der **Besenheide** kann es zu Verwechslungen kommen. Die winterblühende Schneeheide sieht ihr, oberflächlich betrachtet, sehr ähnlich. Allerdings unterscheiden sich die kleinen Blüten voneinander. Die Blüten der Besenheide öffnen sich mit jeweils vier Kron- und Kelchblättern. Die Blüten der Schneeheide sind schmal-glockig geformt, aus ihrer Blütenkrone ragen acht dunkle Staubblätter.

Die **Hohe Fetthenne** trägt große, altrosafarbene, flach gewölbte Blütenstände. Sie gehört zu den robustesten Fetthennen und erreicht eine Höhe von 70 cm. Im Herbst sollte die Staude nicht zurückgeschnitten werden, das bekommt ihr nicht. Außerdem sehen die hohen, vertrockneten Blütenstände im winterlichen Garten toll aus. Im frühen Frühjahr kommt die Zeit für einen Rückschnitt. Es gibt weitere sehr schöne Hohe Sorten wie die *Sedum tel phium ssp. ruprechtii 'Hab Gray'* mit cremeweißen Blüten oder die *Sedum Telephium-Hybride 'Karfunkelstein'* mit dunkler Laubfärbung oder die dunkelrote *Sedum Hybride 'Red Cauli'*.

Die niedrig wachsende **Fetthenne**, wie die Sedum 'Sunsparkler® Firecracker®', erreicht eine Höhe von nur 20 cm. Sie gilt als sehr dicht wachsender Bodendecker. Das Laub dieser Art variiert von hellen Grüntönen bis zu dunklen Rottönen. Die Blüten leuchten pinkrosa.

Der **Gemeine Efeu** ist eine schattenliebende Waldpflanze. Nur wenige wissen, dass diese Kletterpflanze eine ausgesprochen wichtige Nektarquelle für Wildbienen, Schmetterlinge, Wespen, Schwebefliegen und Honigbienen ist. Denn so spät im Jahr stehen nicht mehr all zu viele Nektarquellen zur Verfügung. Die späte Efeu-Seidenbiene ist auf die Blüten des Efeu spezialisiert. Der Gemeine Efeu blüht erst ab dem 7. oder 10. Lebensjahr und kann in Höhen bis über zwanzig Meter klettern. Wer keine Kletterfpflanze mag, kann auf den etwa 1,5 Meter hoch und breit wachsenden Strauch-Efeu *Hedera helix 'Arborescens'* ausweichen.

Weiße Wald-Aster
Aster divaricatus
Korbblütengewächse

August-September

Sonne / Halbschatten

Nektar ★★
Pollen ★★

Herbstzeitlose
Colchicum autumnale
Zeitlosengewächse

August-September

Sonne

Nektar ★★★
Pollen ★★★

AUGUST

BLÜHPFLANZEN

Besenheide
Calluna vulgaris
Heidekrautgewächse

August-November

Sonne

Nektar ★ ★ ★
Pollen ★ ★ ★

Hohe Fetthenne
Sedum telephium 'Herbst-freude'
Dickblattgewächse

August-September

Sonne / Halbschatten

Nektar ★ ★ ★
Pollen ★ ★

Niedrige Fetthenne
Sedum 'Sunsparkler® Firecracker®'
Dickblattgewächse

August-September

Sonne

Nektar ★ ★ ★
Pollen ★ ★ ★

Gemeiner Efeu
Hedera helix
Araliengewächse

August-September

Halbschatten / Schatten

Nektar ★ ★ ★
Pollen ★ ★ ★

PLATTERBSEN-MÖRTELBIENE

Megachile ericetorum / Männchen
an der Breitblättrigen Platterbse *Lathyrus latifolius*

Oligolektisch, auf Schmetterlingsblütler *Fabaceae*
spezialisierte Wildbienen-Art

Illustration

OLIGOLEKTISCHE & POLYLEKTISCHE WILDBIENEN

Weibliche Wildbienen sind beeindruckend ausdauernde und teilweise sehr „wählerische" Pollensammler. Da sie nicht nur zur eigenen Ernährung, sondern auch zur Versorgung ihrer Brut unterwegs sind, ist die Taktzahl ihrer Blütenbesuche enorm hoch. Bienenarten, die auf ein bestimmtes Pollenangebot angewiesen sind, nennt man **oligolektisch**. Flexibler bezüglich der vorhandenen Pflanzengattungen sind **polylektische** Arten.

(Herleitung aus dem Griechischen: oligos = wenig / poly = viel / aus dem Lateinischen: legere = sammeln)

Sozial lebende Bienenarten wie Honigbienen und überwiegend auch Hummeln sind unspezialisierte Pollensammler. Sie leben unabhängiger von der Blühdauer bestimmter genutzter Pflanzen, ihre Flugzeit ist im Vergleich zu spezialisierten Wildbienen deutlich länger.

Hoch spezialisierte Arten zeigen eine zeitliche Abhängigkeit zu ihrer ausschließlichen Pollenquelle. Mit dem Ende der Blühzeit ihrer „Lieblingspflanze" ist auch ihr Leben vorbei. Sie sind nicht Bestandteil eines Volkes, sondern als Solitärbienen „allein" mit den Nistarbeiten beschäftigt. Die Brut für die nächste Generation muss zusammen mit dem erforderlichen Pollenvorrat sicher untergebracht werden. Aufgrund der unterschiedlich ausgeprägten Spezialisierung auf das Pollenangebot werden Wildbienenarten drei Kategorien zugeordnet:

a **Hoch spezialisierte Wildbienen**
Oligolektisch erster Ordnung
sammeln nur die Pollen einer bestimmten Pflanzengattung

b **Spezialisierte Wildbienen**
Oligolektisch zweiter Ordnung
sammeln nur die Pollen einer bestimmten Pflanzenfamilie

c **Unspezialisierte Wildbienen**
Polylektisch
sammeln die Pollen zweier oder mehrerer Pflanzenfamilien

Es gibt darüber hinaus „eigentlich" unspezialisierte Wildbienen, die aber eine deutliche Vorliebe für eine bestimmte Pflanzengattung oder Pflanzenfamilie zeigen. Daher ordnet man sie den spezialisierten Wildbienen, also der Kategorie b) zu. Die Kategorisierung der Arten ist nicht immer eindeutig durchzuführen.

Kuckucksbienen sammeln übrigens keinen Pollen, da sie ihre Eier nach „Kuckucksart" in bereits angelegte Brutzellen legen.

Als Gartenbesitzer haben wir die Möglichkeit, das Nahrungsangebot für Wildbienen gezielt zu verbessern. Von grundlegender Bedeutung sind die Wahl der Blühpflanzen, eine hohe Blühpflanzenvielfalt über den gesamten Zeitraum von Frühling bis Herbst und geeignete natürliche Nistmöglichkeiten.

Nachfolgend werden in einer Übersicht wichtige Pollenquellen für hochspezialisierte und spezialisierte Wildbienenarten gezeigt. Die Übersicht soll dazu anregen, den eigenen Garten, Balkon, Fensterbank oder andere geeignete Flächen in Nahrungsräume, auch für oligolektische Wildbienen zu verwandeln. Pflanzenkenner werden hier vielleicht bereits geschätzte Gattungen wiederfinden oder aber bislang verschmähte Vertreter in neuem Licht sehen.

Für Neulinge kann diese Übersicht einen ersten Einblick in die Welt der heimischen Flora liefern. Einige Pollenquellen sind fast so unscheinbar, wie ihre oligolektischen Besucher, viele andere kennt man vom Wegesrand. Sicherlich sind auch einige dabei, die im ersten Impuls als „Unkraut" erkannt werden. Viele dieser sogenannten „Unkräuter" sind wertvolle Nahrungsquellen für die Spezialisten unter den Wildbienen. Daher sollten sie bei der Pflanzenwahl unbedingt berücksichtigt werden.

Auch ein Ziergarten sollte wildbienenfreundliche Areale aufweisen. Selbst eine Kübelbepflanzung mit Wildkräutern kann schon helfen. Abgesehen davon gibt es durchaus nichtheimische Pflanzen, die von Insekten als Nahrungsquelle genutzt werden. Einige davon werden in den monatlichen Pflanzenporträts vorgestellt.

Nicht jede seltene oder spezialisierte Wildbienenart kann allein durch die Anpflanzung ihrer bevorzugten Blühpflanzen angelockt werden. Neben dem entsprechenden Blütenangebot müssen geeignete Nistmöglichkeiten vorhanden sein. Rollrasen und versiegelte Bodenflächen gehören sicherlich nicht dazu.

In den vergangenen 15 Jahren ist es mir gelungen, unseren 180 qm großen Garten so zu gestalten, dass nach aktuellem Stand 57 verschiedene Wildbienenarten dauerhaft vorkommen. Welche Arten das sind und wie der Garten umgestaltet wurde, können Sie in meinem neuen Buch **„Mein Arten-Retter-Garten"**, welches voraussichtlich Ende 2023 erscheinen wird, nachlesen.

Wir haben Möglichkeiten, den Lebensraum bedrohter Wildbienenartenarten zu verbessern. Daher möchte ich Ihnen die „Lieblingspflanzen" dieser Arten ans Herz legen und hoffe, die Notwendigkeit und Schönheit unserer heimischen Blühpflanzen wird Sie überzeugen, diese bevorzugt in Ihren Garten zu holen.

DIE BLÜTENWAHL STRENG OLIGOLEKTISCHER WILDBIENEN

a **Hoch spezialisierte Wildbienen**
Oligolektisch erster Ordnung
sammeln die Pollen einer bestimmten Pflanzengattung

Nach Pflanzengattung sortiert
* mehrere Arten einer Pflanzengattung

Acker-Winde
Convolvulus arvensis / Windengewächse

Kleine Spiralhornbiene
Systropha curvicornis
Juni-August

Große Spiralhornbiene
Systropha planidens
Juni-August

Achtung: Ausläufer bildende, sich stark ausbreitende, das Wachstum anderer Pflanzen hemmende Rankpflanze.

Berg-Sandglöckchen
Jasione montana / Glockenblumengewächse

Sandglöckchen-Glanzbiene
Dufourea halictula
Juli-September

Besenheide
Calluna vulgaris / Erikagewächse

Heidekraut-Herbstsandbiene
Andrena fuscipes
August-September

Blutweiderich
Lythrum salicaria / Weiderichgewächse

Blutweiderich-Sägehornbiene
Melitta nigricans
Juli-August

Eisenhut
Aconitum / Hahnenfußgewächse

Eisenhut-Hummel
Bombus gerstaeckeri
April-Oktober

Esparsette
Onobrychis / Hülsenfrüchtler

Esparsetten-Sägehornbiene
Melitta dimidiata
Mai-Juli

Gamander-Ehrenpreis
Veronica chamaedrys / Wegerichgewächse

Ehrenpreis-Sandbiene
Andrena viridescens
April-Juni

Gänsefingerkraut
*Potentilla anserina** / Rosengewächse

Rote Fingerkraut-Sandbiene
Andrena potentillae
März-Mai

Blutwurz-Sandbiene
Andrena tarsata
Juni-August

Gemeiner Efeu
Hedera helix / Araliengewächse

Efeu-Seidenbiene
Colletes hederae
September-November

Gilbweiderich
Lysimachia / Primelgewächse

Wald-Schenkelbiene
Macropis fulvipes
Juni-August

Auen-Schenkelbiene
Macropis europaea
Juli-September

Kategorie 0	Ausgestorben oder verschollen
Kategorie 1	Vom Aussterben bedroht
Kategorie 2	Stark gefährdet
Kategorie 3	Gefährdet
Kategorie G	Gefährdung unbekannten Ausmaßes
Kategorie R	Extrem selten
Kategorie V	Vorwarnliste
Kategorie *	Ungefährdet
Kategorie D	Daten unzureichend
Kategorie ♦	Nicht bewertet
Kategorie -	Kein etablierter Nachweis

Gewöhnlicher Natternkopf
Echium vulgare / Raublattgewächse

Natternkopf-Mauerbiene
Osmia (Hoplitis) adunca
Juni-August

Matte Natternkopf-Mauerbiene
Osmia (Hoplitis) anthocopoides
Juni-Juli

Mauerbiene
Osmia (Hoplitis) lepeletieri
Juni-Juli

Gemeine Ochsenzunge
Anchusa officinalis / Raublattgewächse

Ochsenzungen-Sandbiene
Andrena nasuta
Mai-Juni

Ochsenzungen-Seidenbiene
Colletes nasutus
Juni-August

Hahnenfuß
*Ranunculus** / Hahnenfußgewächse

Hahnenfuß-Scherenbiene
Chelostoma florisomne
April-Juni

Lauch
*Allium** / Lauchgewächse

Lauch-Maskenbiene
Hylaeus punctulatissimus
Mai-August

Mannstreu
*Eryngium** / Doldenblütler

Mannstreu-Seidenbiene
Colletes hylaeiformis
Juli-August

Milchstern
*Ornithogalum** / Hyazinthengewächse

Sächsische Zwergsandbiene
Andrena saxonica
April-Juni

Resede
*Reseda** / Resedagewächse

Reseden-Maskenbiene
Hylaeus signatus
Mai-August

Spargel
Asparagus / Spargelgewächse

Spargel-Sandbiene
Andrena chrysopus
Mai-Juni

Wachsblume
Cerinthe / Raublattgewächse

Wachsblumen-Mauerbiene
Osmia cerinthidis
Mai-Juni

Zahntrost
Odontites / Braunwurzgewächse

Zahntrost-Sägehornbiene
Melitta tricinta
Juli-September

Zaunrübe
Bryonia alba / Kürbisgewächse

Zaunrüben-Sandbiene
Andrena florea
Mai-Juli

DIE BLÜTENWAHL STRENG OLIGOLEKTISCHER WILDBIENEN

a **Hoch spezialisierte Wildbienen**
Oligolektisch erster Ordnung
sammeln die Pollen einer bestimmten Pflanzengattung

Nach Pflanzengattung sortiert
* mehrere Arten einer Pflanzengattung

Acker-Glockenblume, Pfirsichblättrige-Glockenblume, Hängepolster-Glockenblume, Knäuel-Glockenblume

Kugelige Teufelskralle, Dalmatiner Glockenblume, Dolden-Glockenblume, Breitblättrige Waldglockenblume

Wiesen- Glockenblume, Blaue Zwergglockenblume, Büschel-Glockenblume, Nesselblättrige Glockenblume

Glockenblumengewächse

*Campanulaceae**

Braunschuppige Sandbiene
Andrena curvungula
Mai-Juli

Grauschuppige Sandbiene
Andrena pandellei
Mai-Juni

Sandbiene
Andrena paucisquama
Mai-Juni

Sandbiene
Andrena rufizona
Juni-Juli

Kurzfransige Scherenbiene
Chelostoma campanularum
Juni-September

Scherenbiene
Chelostoma distinctum
Juni-Juli

Scherenbiene
Chelostoma foveolatum
Juni-August

Glockenblumen-Scherenbiene
Chelostoma rapunculi
Juni-August

Glanzbiene
Dufourea dentiventris
Juli-September

Glanzbiene
Dufourea halictula
Juli-August

Glanzbiene
Dufourea inermis
Juli-August

Glockenblumen-Schmalbiene
Lasioglossum costulatum
April-Oktober

Glockenblumen-Sägehornbiene
Melitta haemorrhoidalis
Juni-September

Sägehornbiene
Melitta melanura
Juni-September

Mauerbiene
Osmia mitis
Mai-August

Kategorie 0	Ausgestorben oder verschollen
Kategorie 1	Vom Aussterben bedroht
Kategorie 2	Stark gefährdet
Kategorie 3	Gefährdet
Kategorie G	Gefährdung unbekannten Ausmaßes
Kategorie R	Extrem selten
Kategorie V	Vorwarnliste
Kategorie *	Ungefährdet
Kategorie D	Daten unzureichend
Kategorie ♦	Nicht bewertet
Kategorie -	Kein etablierter Nachweis

Sal-Weide oben: männliche Blütenkätzchen / unten: weilbiche Blütenkätzchen

Weide
*Salix** / Weidengewächse

Dunkle Weidensandbiene
Andrena apicata
März-Mai

Waldrand-Sandbiene
Andrena clarkella
März-April

Sandbiene
Andrena mitis
März-Mai

März-Sandbiene
Andrena nycthemera
März-Mai

Frühe Sandbiene
Andrena praecox
März-Mai

Rotschienige Sandbiene
Andrena ruficrus
März-Mai

Sandbiene
Andrena sericata
April-Mai

Weiden-Sandbiene
Andrena vaga
Februar-Mai

Rotbauch-Sandbiene
Andrena ventralis
März-Mai

DIE BLÜTENWAHL OLIGOLEKTISCHER WILDBIENEN

b Spezialisierte Wildbienen
Oligolektisch zweiter Ordnung
sammeln die Pollen einer bestimmten Pflanzenfamilie

Nach Pflanzenfamilie sortiert
In dieser Kategorie ist eine „Auswahl" der jeweiligen Pflanzenfamilie abgebildet.

Wilde Möhre, Wiesenkerbel, Hirschwurz, Wald-Engelwurz, Giersch

Achtung: Giersch verbreitet sich innerhalb weniger Jahre extrem durch unterirdische Ausläufer.

Doldenblütler
Apiaceae

Sommer Kielsandbiene *Andrena nitidiuscula*
Juni-August

Frühe Doldensandbiene *Andrena proxima*
April-Juni

Fahlbeinige Kielsandbiene *Andrena pallitarsis*
Juli-August

Bärenklau-Sandbiene *Andrena rosae*
Juli-August

Mannstreu-Seidenbiene *Colletes hylaeiformis*
Juli-August

Große Möhren-Sandbiene *Andrena nuptialis*
Juli-August

Heidelbeere, Preiselbeere, Rauschbeere, Besenheide

Heidekrautgewächse
Ericaceae

Heidekraut-Sandbiene *Andrena fuscipes*
August-September

Heidelbeer-Lockensandbiene *Andrena lapponica*
April-Juli (eingeschränkt oligolektisch)

Heidekraut-Seidenbiene *Colletes succinctus*
August-September

Tauben-Skabiose, Gelb-Skabiose, Teufelsabbiss, Wiesen-Knautie

Kardengewächse
Innerhalb dieser Familie ausschließlich:
Knautia / Scabiosa / Succisa

Knautien-Sandbiene *Andrena hattorfiana*
Mai-August

Skabiosen-Sandbiene *Andrena marginata*
Juli-September

Skabiosen-Hosenbiene *Dasypoda argentata*
Juni-September

Knautien-Hosenbiene *Dasypoda suripes*
Juni-September

Kategorie 0	Ausgestorben oder verschollen	**Kategorie G**	Gefährdung unbekannten Ausmaßes	**Kategorie D**	Daten unzureichend
Kategorie 1	Vom Aussterben bedroht	**Kategorie R**	Extrem selten	**Kategorie ♦**	Nicht bewertet
Kategorie 2	Stark gefährdet	**Kategorie V**	Vorwarnliste	**Kategorie -**	Kein etablierter Nachweis
Kategorie 3	Gefährdet	**Kategorie ***	Ungefährdet		

Rainfarn, Huflattich, Echter Alant, Färberkamille, Goldaster, Flohkraut

Korbblütler Innerhalb dieser Familie ausschließlich:

Asteraceae [Asteroideae]

Goldaster-Seidenbiene *Colletes collaris*
August-Oktober

Buckel-Seidenbiene *Colletes daviesanus*
Juni-September

Filzbindige-Seidenbiene *Colletes fodiens*
Juli-August

Rainfarn-Seidenbiene *Colletes similis*
Juni-September

Östliche Seidenbiene *Colletes mlokossewiczi*
Juni-August

Flohkraut-Langhornbiene *Eucera alticincta*
Juli-September

Gänseblümchen, Ringelblume, Sonnenhut, Magerite

Schafgarbe, Wasserdost, Kamille, Jakobsgreiskraut

Zu Korbblütlern

Korbblütengewächse *[Asteraceae]* gehören zu den artenreichsten Blütenpflanzen.

Zwölf Unterfamilien der Korbblütler wurden nach neuen phylogenetischen Erkenntnissen eingeführt:

Asteroideae
[mit etwa 65 % der Arten die größte Unterfamilie]

Barnadesioideae
Carduoideae
Cichorioideae
Corymboideae
Gochnatioideae
Gymnarrhenoideae
Hecastocleidoideae
Mutisioideae
Pertyoideae
Stifftioideae
Wunderlichioideae

DIE BLÜTENWAHL OLIGOLEKTISCHER WILDBIENEN

b **Spezialisierte Wildbienen**
Oligolektisch zweiter Ordnung
sammeln die Pollen einer bestimmten Pflanzenfamilie

Nach Pflanzenfamilie sortiert
In dieser Kategorie ist eine „Auswahl" der jeweiligen Pflanzenfamilie abgebildet.

Korbblütler
Innerhalb dieser Familie ausschließlich:
Asteraceae (Carduoideae / Cynareae)

Stängel-Wollbiene *Anthidium nanum*
Juni-September

Salzsteppen-Zwergwollbiene *Anthidium tenellum*
Juni-August

Steppen-Buntbiene *Camptopoeum frontale*
Juli-August

Flockenblumen-Langhornbiene *Eucera dentata*
Juli-August

Goldene Steinbiene *Lithurgus chrysurus*
Juli-August

Stängel-Blattschneiderbiene *Megachile genalis*
Juni-September

Zweihöckerige Mauerbiene *Osmia labialis*
Mai-August

Distel-Mauerbiene *Osmia leaiana*
Mai-August

Einhöckerige Mauerbiene *Osmia niveata*
Juni-Juli

Der Reihe nach abgebildet sind:

Berg-Flockenblume, Wiesen-Flockenblume, Schwarze Flockenblume, Skabiosen-Flockenblume, Acker-Kratzdistel, Bach-Kratzdistel, Weg-Distel, Nickende Distel, Kletten-Ringdistel, Kornblume

Wildbienen auf Blüten:
Schwarze Flockenblume / *Osmia leaiana*
Bach-Kratzdistel / *Osmia leaiana*

Kategorie 0	Ausgestorben oder verschollen	**Kategorie G**	Gefährdung unbekannten Ausmaßes	**Kategorie D**	Daten unzureichend
Kategorie 1	Vom Aussterben bedroht	**Kategorie R**	Extrem selten	**Kategorie ♦**	Nicht bewertet
Kategorie 2	Stark gefährdet	**Kategorie V**	Vorwarnliste	**Kategorie -**	Kein etablierter Nachweis
Kategorie 3	Gefährdet	**Kategorie ∗**	Ungefährdet		

Korbblütler nnerhalb dieser Familie ausschließlich:

Asteraceae (Cichorioideae)

Gewöhnliche Dörnchensandbiene *Andrena humilis*
Mai-Juli

Polierte Sandbiene *Andrena polita*
Mai-September

Rheinische Dörnchensandbiene *Andrena rhenana*
April-Mai

Löwenzahn-Dörnchensandbiene *Andrena taraxaci*
März-Juni

Habichtskraut-Glanzbiene *Dufourea minuta*
Juni-September

Große Zottelbiene *Panurgus banksianus*
Juni-August

Stumpfzähnige Zottelbiene *Panurgus calcaratus*
Juni-September

Spitzzähnige Zottelbiene *Panurgus dentipes*
Juni-September

Dunkelfransige Hosenbiene *Dasypoda hirtipes*
Juni-September (ebenso Cynareae)

Der Reihe nach abgebildet sind:

Blauer Lattich, Orangerotes Habichtskraut, Wiesen-Löwenzahn, Wegwarte, Bocksbart, Rainkohl, Wiesen-Pippau

Gewöhnliches Bitterkraut
Große Zottelbiene
Panurgus banksianus

zwei Männchen streiten um einen gemütlichen Schlafplatz
Paarung
schlafendes Männchen

DIE BLÜTENWAHL OLIGOLEKTISCHER WILDBIENEN

b Spezialisierte Wildbienen
Oligolektisch zweiter Ordnung
sammeln die Pollen einer bestimmten Pflanzenfamilie

Nach Pflanzenfamilie sortiert
In dieser Kategorie ist eine „Auswahl" der jeweiligen Pflanzenfamilie abgebildet.

Bergaster, Raublattaster, Wildaster, Glattblatt-Aster
Färberkamille, Wasserdost, Mutterkraut, Wiesen-Löwenzahn

Korbblütler ohne Bevorzung einer bestimmten Unterfamilie
Asteraceae

Rainfarn-Herbstsandbiene *Andrena denticulata*
Mai-August

Strandaster-Seidenbiene *Colletes halophilus*
August-Oktober

Hosenbiene *Dasypoda morawitzi*
Juli-August

Gekerbte Löcherbiene *Heriades crenulatus*
Juni-September

Löcherbiene *Heriades rubicola*
Juni-September

Gewöhnliche Löcherbiene *Heriades truncorum*
Juni-Oktober

Rainfarn-Maskenbiene *Hylaeus nigritus*
Mai-August

Bedornte Schneckenhausbiene *Osmia spinulosa*
Mai-September

Zottige Felsenbiene *Osmia villosa*
Mai-Juli

Wiesenschaumkraut, Weisser-Senf, Silberblatt, Schöterich

Kreuzblütler
Brassicaceae

Senf-Blauschimmersandbiene *Andrena agilissima*
Mai-Juli

Glanzlose Riefensandbiene *Andrena distinguenda*
April-Juni

Zweizellige Sandbiene *Andrena lagopus*
April-Juni

Weißbindige Zwergsandbiene *Andrena niveata*
April-Juli

Kategorie 0 Ausgestorben oder verschollen	Kategorie G Gefährdung unbekannten Ausmaßes	Kategorie D Daten unzureichend
Kategorie 1 Vom Aussterben bedroht	Kategorie R Extrem selten	Kategorie ♦ Nicht bewertet
Kategorie 2 Stark gefährdet	Kategorie V Vorwarnliste	Kategorie - Kein etablierter Nachweis
Kategorie 3 Gefährdet	Kategorie * Ungefährdet	

Steinkraut, Gartenrettich, Gelbes Steinkraut

Kreuzblütler
Brassicaceae

Schweriner Sandbiene *Andrena suerinensis*
Mai-Juli

Steinkraut-Sandbiene *Andrena tscheki*
März-Mai

Schöterich-Mauerbiene *Osmia brevicornis*
April-Juni

Steppen-Scheinlappenbiene *Panurginus labiatus*
Juni-August

Wiesensalbei, Aufrechter Ziest, Heilziest, Echter Dost

Lippenblütler
Lamiaceae

Wald-Pelzbiene *Anthophora furcata*
Mai-Juli

Rote Schneckenhausbiene *Osmia andrenoides*
Mai-August

Frühe Ziest-Schlürfbiene *Rophites algirus*
Juni-Juli

Späte Ziest-Schlürfbiene *Rophites quinquespinosus*
Juni-August

Echter-Eibisch, Wilde-Malve, Strauchpappel, Moschus-Malve

Malvengewächse
Malvaceae

Malven-Langhornbiene
Eucera macroglossa
Juli-August

DIE BLÜTENWAHL OLIGOLEKTISCHER WILDBIENEN

b Spezialisierte Wildbienen
Oligolektisch zweiter Ordnung
sammeln die Pollen einer bestimmten Pflanzenfamilie

Nach Pflanzenfamilie sortiert
In dieser Kategorie ist eine „Auswahl" der jeweiligen Pflanzenfamilie abgebildet.

Gewöhnlicher Natternkopf, Beinwell, Borretsch, Geflecktes Lungenkraut

Raublattgewächse
Boraginaceae

Beinwell-Sandbiene *Andrena symphyti*
April–Juni
spezialisiert auf Gewöhnlichen Beinwell, Knoten-Beinwell diverse Lotwurzen und Kleine Wachsblume

Schwarzwerdender Geißklee, Sichelklee, Breitblättrige-Platterbse, Luzerne

Frühlings-Platterbse, Zaunwicke, Weiße Taubnessel, Wiesenklee

Schmetterlingsblütler
Faboideae

Geißklee-Sandbiene *Andrena aberrans*
bevorzugt Geißklee und Ginster
April–Juni

Zaunwicken-Sandbiene *Andrena lathyri*
bevorzugt Platterbsen und Wicken
April–Juni

Esparsetten-Kleesandbiene *Andrena gelriae*
Juni–Juli

Sandbiene *Andrena intermedia*
ausschließlich Rotklee, Hufeisenklee, Flügelginster
Juni–Juli

Rothaarige Kleesandbiene *Andrena similis*
bevorzugt Hornklee, Rotklee, Englischer Ginster
Mai–Juli

Grobpunktierte Kleesandbiene *Andrena wilkella*
Mai–Juli

Große Harzbiene *Anthidium byssinum*
Juni–August

Berg-Wollbiene *Anthidium montanum*
bevorzugt Hornklee
Juni–August

Dünen-Seidenbiene *Colletes marginatus*
Mai–Juli

Kategorie 0	Ausgestorben oder verschollen	**Kategorie G**	Gefährdung unbekannten Ausmaßes	**Kategorie D**	Daten unzureichend
Kategorie 1	Vom Aussterben bedroht	**Kategorie R**	Extrem selten	**Kategorie ♦**	Nicht bewertet
Kategorie 2	Stark gefährdet	**Kategorie V**	Vorwarnliste	**Kategorie -**	Kein etablierter Nachweis
Kategorie 3	Gefährdet	**Kategorie ∗**	Ungefährdet		

Esparsette, Luzerne, Hornklee, Gelbklee

Schmetterlingsblütler
Faboideae

Graue Langhornbiene *Eucera cineraria*
Mai-Juli

Wicken-Langhornbiene *Eucera interrupta*
Mai-Juli

Juni-Langhornbiene *Eucera longicornis*
Mai-Juli

Mai-Langhornbiene *Eucera nigrescens*
April-Juni

Blutweiderich-Langhornbiene *Eucera salicariae*
Juli-August

Platterbsen-Mörtelbiene *Megachile ericetorum*
Juni-August

Schwarzbürstige Blattschneiderbiene
Megachile nigriventris
Juni-August

Luzerne-Sägehornbiene *Melitta leporina*
Juli-August

Luzerne-Schwebebiene *Melitturga clavicornis*
Juni-August

Mauerbiene *Osmia acuticornis*
bevorzugt Platterbsen und Wicken
Juni-Juli

Gallen-Mauerbiene *Osmia gallarum*
April-August

Hornklee-Felsenbiene *Osmia (Hoplitis) loti*
bevorzugt Hornklee, Berg-Esparsette, Klee
Juni-Juli

Mauerbiene *Osmia ravouxi*
bevorzugt Hornklee
Juni-Juli

Dreizahn-Mauerbiene *Osmia tridentata*
Juni-August

Hufeisenklee-Mauerbiene *Osmia xanthomelana*
bevorzugt Hufeisenklee, Hornklee
Mai-Juni

Luzerne-Graubiene *Rhophitoides canus*
bevorzugt Luzerne, Sichelklee
Mai-August

Zistrosengewächse
Cistaceae

Sonnenröschen-Sandbiene
Andrena granulosa
Mai-Juli

Gelbe Zistrose, Salbeiblättrige Zistrose, Weißliche Zistrose

BLÜHPFLANZEN
FÜR FENSTERBANK, BALKON UND TERRASSE

Die Geranie ist der Klassiker unter den Balkonpflanzen. Keine Frage – schön sieht sie aus. Insekten können mit ihr allerdings nicht viel anfangen, denn sie bietet kaum oder keine Nahrung.

Das trifft auch auf alle gefüllten Blüten zu. Als „gefüllt" gelten Blüten, die durch Zucht vermehrt Blütenblätter entwickeln. Die Blüten sehen prachtvoll aus, produzieren aber keinen Pollen. Rein optisch versprechen diese Blüten den Insekten eine reichhaltige Ausbeute. Die zahlreichen Blütenblätter locken die Bestäuber an, verwehren ihnen aber gleichzeitig den Zugang ins Innere – hier gäbe es immerhin Nektar. Glücklicherweise lernen die meisten Insekten, solche Blüten zu ignorieren. Bis dahin verwenden sie auf ihre erfolglosen Versuche sehr viel Energie. Beispiele für gefüllte Blüten gibt es viele: Rosen, Nelken, Begonien, Chrysanthemen, Dahlien um hier nur einige zu nennen.

Zurück zu Geranie und Petunie. Alljährlich werden sie für die Balkonsaison in Massen produziert, um nach ihrer Blühzeit im Abfall zu landen. Dabei gibt es viele heimische Pflanzen, die mit der Schönheit dieser Exoten mithalten können. Ökologisch gesehen sind sie nicht nur für Wildbienen eine Bereicherung. Auch Schmetterlinge, Taubenschwänzchen, Schwebfliegen und weitere tierische Gartenbewohner profitieren von durchdacht bepflanzten Flächen auf Terrasse, Balkon oder Fensterbank. **Ein weiterer Vorteil:** Viele Wildpflanzen sind Dauerblüher. Sie sind winterhart und müssen nicht jedes Jahr aufs Neue ersetzt werden. Sie ertragen Frost und Schnee, sogar in kleineren Pflanzkübeln. Ab dem Frühjahr können wir uns an der erneuten Blüte erfreuen. Heimische Wildstauden sind natürlich vorkommende Pflanzenarten, die züchterisch nicht verändert wurden, je nach Art überdauern und blühen sie mehrere Jahre.

Kübelbepflanzung

Kübel sind oft stundenlang der Sonne ausgesetzt und trocknen schnell aus. Daher sind große Kübel oder Balkonkästen besser geeignet als kleine. Die Feuchtigkeit kann sich länger halten. Die Zumischung von Blähton oder Quellgranulat sorgt für eine zusätzliche Feuchtigkeitsspeicherung. Zu guter Letzt kann eine Schicht kleiner Kieselsteine auf der Substratoberfläche nochmals vor Verdunstung schützen.

Welche Pflanzen nun für Terrasse und Balkon geeignet sind, kann nicht pauschal festgelegt werden. Dies ist natürlich vom Standort abhängig. Liegt die zu bepflanzende Fläche in der Sonne, im Halbschatten oder im Schatten?

Sonnige Lage
mindestens 6 Stunden direktes Sonnenlicht am Tag
Halbschattige Lage
mindestens 3 Stunden direktes Sonnenlicht am Tag
Schattige Lage
weniger als 3 Stunden direktes Sonnenlicht am Tag

Gefüllte Blüten

Ungefüllte Blüten

Die Abbildungen rechts zeigen einige meiner Lieblingspflanzen unseres Gartens, die für eine Kübelbepflanzung geeignet sind.

Diese und viele weitere Pflanzen stelle ich in meinem neuen Buch **Mein Arten-Retter-Garten** vor. Mein Ziel war es, die Biodiversität unseres Gartens unter die Lupe zu nehmen. Vorkommende Insekten wie auch die Nahrungs- und Lebensraum spendenden Pflanzen zu dokumentieren, um ihre Abhängigkeiten und Kooperationen deutlich zu machen. Das Ergebnis: Auf nur 180 qm Gartenfläche inmitten der Wuppertaler Innenstadt konnten sich in den vergangenen Jahren beispielsweise 57 Wildbienenarten, 48 Schmetterlingsarten, 29 Schwebfliegenarten, 41 Wespenarten und viele weitere Insekten ansiedeln. Weitere Informationen finden Sie auf meiner Webseite:
www.wildbienen-garten.de

Abbildungen von links nach rechts:
Schwarze Nieswurz Helleborus niger / Winterling Eranthis hyemalis / Weinbergs-Träubel Muscari neglectum / Schachbrettblume Fritillaria meleagris / Geflecktes Lungenkraut Pulmonaria officinalis / Balkan-Windröschen Anemone blanda / Stachelbeere Ribes grossularia / Blaukissen Aubrieta deltoidea / Spitzwegerich Plantago lanceolata / Rote Lichtnelke Silene dioica / Taubenkropf-Leimkraut Silene vulgaris / Kuckucks-Lichtnelke Silene flos-cuculi / Brauner Storchschnabel Geranium phaeum / Gewöhnliche Pechnelke Silene viscaria / Saat-Esparsette Onobrychis viciifolia / Einjähriges Silberblatt Lunaria annua / Wiesenklee Trifolium pratense / Aufrechter Ziest Stachys recta / Echter Steinklee Melilotus officinalis / Blaue Himmelsleiter Polemonium caeruleum / Wiesen-Storchschnabel Geranium pratense / Bach-Kratzdistel Cirsium rivulare / Kornblume Centaurea cyanus Rundblättrige Glockenblume Campanula rotundifolia / Wald-Ziest Stachys sylvatica / Luzerne Medicago sativa / Knäuel-Glockenblume Campanula glomerata / Wilde Möhre Daucus carota / Färberkamille Cota tinctoria / Weißer Senf Sinapis alba / Kartäusernelke Dianthus carthusianorum / Tauben-Skabiose Scabiosa columbaria / Breitblättrige Platterbse Lathyrus latifolius / Kugelköpfiger Lauch Allium sphaerocephalon / Gewöhnlicher Natternkopf Echium vulgare / Flachblatt-Mannstreu Eryngium planum / Strauchbasilikum Ocimum basilicum / Echter Dost Origanum vulgare / Pfeffer-Salbei Salvia uliginosa / Silber-Mannstreu Eryngium spinalba / Kleinblütige Nachtkerze Oenothera parviflora / Neubelgische Aster Symphyotrichum novi-belgii

EIN BEISPIEL
BLÜHINSEL BALKON

Welches Potential kleine aber sinnvoll bepflanzte Flächen bieten, möchte ich Ihnen anhand eines besonderen Beispiels vorstellen.

Der 6,5 Quadratmeter große Südost-Balkon von Katrin Wittek liegt im ersten Stock eines Mehrfamilienhauses am Rande der Bielefelder Altstadt und beherbergt über 230 überwiegend heimische Pflanzen, die in 41 Gefäßen Platz finden. Über die gesamte Saison von Januar bis spät in den Herbst hinein blüht es nahezu lückenlos. Damit so viele verschiedene Pflanzen auf dieser begrenzten Fläche Platz finden, muss entsprechend geplant werden. Wichtig ist hier, mit den Blühzeiten der Pflanzen zu arbeiten. Ist Eine verblüht, gibt sie Raum für später Blühende frei. So entsteht ein natürlicher Zyklus, der den Jahreszeiten entsprechend angelegt ist.

Etwa 100 verschiedene Tierarten werden von der Pollen- und Nektaroase angelockt. Einige Wildbienenarten und Wespen, wie die Gehörnte Mauerbiene, die Glockenblumen-Scherenbiene, die Kurzfransige Scherenbiene, die Gemeine Löcherbiene, diverse Maskenbienen, Grabwespen, Lehmwespen und die Zweibindige Stängelwespe nutzen die Nisthilfen. Weitere Arten wie Ackerhummeln, Baumhummeln, Gartenhummeln, Erdhummeln, Steinhummeln, Wiesenhummeln, Honigbienen, Furchenbienen, Schmalbienen, Sandbienen oder Schenkelbienen besuchen die Blühpflanzen, um Pollen zu sammeln oder Nektar aufzunehmen. Hinzu kommen Besucher wie Schwebfliegen, Tag- und Nachtfalter, Käfer, Ameisen, Fliegen, Spinnen, Wanzen und diverse Vogelarten. Ein tolles Projekt, das viele Nachahmer verdient hat.

Katrin Wittek dokumentiert die vielfältigen Besucher und Pflanzen ihres Balkons auf Instagram unter: @Katrin_Flora_Fauna

PFLANZEN FÜR
KÜBEL UND BALKONKASTEN

Kräuter: Basilikum, Bärlauch, Bohnenkraut, Lavendel, Oregano, Pfefferminze, Salbei, Schnittlauch, Thymian, Ysop, Zitronenmelisse, Zwiebel

Mauerpfeffer: Felsen-Fettkraut, Große Fetthenne, Scharfer Mauerpfeffer, Weißer Mauerpfeffer

Glockenblumen: Acker-Glockenblume, Borstige Glockenblume, Breitblättrige Glockenblume, Dolden-Glockenblume, Feinblättrige Glockenblume, Hängepolster-Glockenblume, Karpaten-Glockenblume, Knäuel-Glockenblume, Nesselblättrige Glockenblume, Pfirsichblättrige Glockenblume, Rautenblättrige Glockenblume, Rapunzel-Glockenblume, Rundblättrige Glockenblume, Stern-Polster-Glockenblume, Teppich-Glockenblume, Wald-Glockenblume, Wiesen-Glockenblume, Zwerg-Glockenblume

Duftpflanzen: Abendduft-Leimkraut, Bartnelke, Blauer Waldmeister, Drachenkopf, Duftresede, Duftflockenblume, Duftsteinrich, Gewürztagetes, Kleine Traubenhyazinthe, Maiglöckchen, Meerviole, Schleifenblume, Vogeläuglein, Weinbergs-Träubel, Wildtulpe

Pflanzen für kleine bis mittlere Kübel: Ackersenf, Acker-Hundskamille, Acker-Ringelblume, Acker-Rittersporn, Aufrechter Ziest, Akelei, Borretsch, Blaustern, Christrose, Ehrenpreis, Esparsette, Färber-Resede, Färber-Kamille, Frühlings-Fingerkraut, Flockenblume, Gefleckte Taubnessel, Gelb-Senf, Gruchlose Kamille, Heidekraut, Himmelsleiter, Inkarnatklee, Katzenminze, Kleines Immergrün, Knautie, Kornblume, Kronwicke, Krokus, Leinkraut, Lungenkraut, Margerite, Mannstreu, Nachtviole, Pippau, Rotklee, Saat-Wucherblume, Schachbrettblume,

Die Fotos dieser Doppelseite zeigen den Balkon von Katrin Wittek - eine Arche Noah der Artenvielfalt in der Bielefelder Altstadt.

Eine kleine Fläche, die optimal genutzt wird. 41 Pflanzkübel und Blumenkästen stecken voller Leben. Die gezielte Bepflanzung dieser im Halbschatten liegenden Fläche, ermöglicht es etwa 100 verschiedenen Tierarten inmitten der Stadt Nahrung zu finden. Insekten und Vögel nutzen das Angebot sogar als Lebensraum, wie beispielsweise eine 6-köpfige Amselfamilie, die in einem der Balkonkästen einen geschützten Nistplatz fand.

Schafgarbe, Storchschnabel, Schwarznessel, Schwert-Alant, Schwedenklee, Sommer-Adonisröschen, Teufelsabbiss, Traubenhyazinthe, Kriechender Hahnenfuß, Kugellauch, Klatschmohn, Natternkopf, Wegwarte, Weiße Resede, Vergissmeinnicht, Wiesenschaumkraut, Wiesen-Schlüsselblume, Wegerichblättriger Natternkopf, Weißer Senf, Weißklee, Winterling, Wiesen-Storchschnabel, Witwenblume, Wollige Strohblume, Wolliger Ziest, Wundklee

Pflanzen für große Kübel: Echter Alant, Eisenhut, Bach-Kratzdistel, Baldrian, Blauraute, Gewöhnlicher Eibisch, Johannisbeere, Herzgespann, Königskerze, Muskateller-Salbei, Moschus-Malve, Nachtkerze, Ochsenauge, Saat-Luzerne, Stachelbeere, Steinklee, Stockrose, Wilde Möhre

Schlingpflanzen: Breitblättrige-Platterbse, Vogelwicke, Zaunrübe

Keine oder kaum Nahrung bieten: Azalee, Geranie, Rhododendron, Hortensie, Edel-Rose, Roter Lein, Fleißiges Lieschen, Petunie, Gefüllte Ringelblume, Gefüllte Stockrose, Bambus

WILDKRÄUTER & CO.

Viele der hier genannten Kräuter- und Wildpflanzen sind im üblichen Pflanzenhandel nicht zu bekommen. Eine Alternative ist die Aussaat von Pflanzensamen. Zertifiziertes Saatgut können Sie im Internet beziehen.

TIPPS ZUR AUSSAAT

Generell: Verteilen Sie die Samen sparsam, also säen Sie nicht zu dicht. Die späteren Pflanzen verdrängen sich bei Platzmangel gegenseitig. Es würden nur die schnell wachsenden übrig bleiben. Nicht alle Pflanzensamen werden sich entwickeln, nur die, die sich an dem für sie vorgesehenen Ort wohlfühlen. Das hängt von verschiedenen Faktoren wie der Lage oder der Bodenbeschaffenheit ab.

Balkon und Terrasse: Direkt-Aussaat in torffreie Pflanzenerde: Da Pflanzen im Kübel oder Balkonkasten mehr Nährstoffe benötigen als die im Gartenbeet, darf hier die Erde nährstoffreicher sein. Aber bitte nicht düngen. Das vertragen Wildblumen nicht. Eine Mischung aus torffreier Erde, Sand und Blähton ist ideal. Blähton spendet Feuchtigkeit im Balkonkasten oder im Kübel. Möchten Sie den Pflänzchen Nährstoffe geben, können Sie (nur wenig!) Komposterde nehmen. Alternativ eignet sich Hornmehl oder Hornspäne. Das ist aber nur dann nötig, wenn die kleinen Pflanzen nicht richtig wachsen oder gelb werden.

Garten: Direkt-Aussaat in torffreie Pflanzenerde oder magere Gartenerde: Sie können die Erde in Ihrem Garten mit Sand mischen, damit der Boden etwas durchlässiger wird. Auch Erde mit einem hohen Lehmanteil kann mit Sand gemischt werden. Wildblumen mögen dieses Gemisch! Die Pflanzensamen werden nur leicht eingeharkt und in den Boden gestampft. Dazu können Sie zum Beispiel ein Brett nutzen. In der Regel ist es wichtig, den Boden feucht zu halten, damit die Aussaat gelingt.

HEIMISCHE PFLANZEN KAUFEN

In Gartencentern und Baumärkten sind heimische Pflanzen meist Mangelware. Wenn Sie gezielt einkaufen möchten, geht das zum Beispiel über das Internet. Hier finden Sie sehr gut sortierte Anbieter, die sich auf heimische Pflanzen spezialisiert haben. Desweiteren gibt es Pflanzenmärkte und Tauschbörsen. Oder Sie fragen benachbarte Gartenbesitzer oder Freunde nach Ablegern.

Links: Hummeln suchen sich gerne ein Versteck unter Laub, um sich vor der Kälte im Winter zu schützen.
Rechts: Das Nest der Ackerhummel unter einer locker sitzenden Moosdecke versteckt.

EINIGE TIPPS ZUSAMMENGEFASST

PFLANZENWAHL

Durchgängiges Blühangebot das ganze Jahr hindurch
Früh-, mittel- und spätblühende Arten anpflanzen.

Gefüllte Blüten bieten kaum Nektar und Pollen
Pflanzen Sie ungefüllte Blumensorten.

Regional heimische Pflanzen auswählen
Bevorzugen Sie Pflanzen, die in Ihrem Gebiet natürlicherweise vorkommen.

Exotische Blühpflanzen und Gehölze vermeiden
Viele Exoten sind blütenreich, aber nahrungsarm. Asiatische und amerikanische immergrüne Koniferen – von ihnen profitiert kaum ein Insekt oder Vogel. Heimische Gehölze dagegen sind enorm wichtig für unsere Artenvielfalt und den Naturschutz.

Hier nur einige Beispiele:
Die Haselnuss versorgt 112 Insekten und 10 Vogelarten mit Nahrung.
Der heimische Hartriegel versorgt 32 Insekten- und 24 Vogelarten.
Der heimische Weißdorn versorgt 163 Insekten- und 32 Vogelarten.
(Quelle: BUND / http://region-hannover.bund.net)

GARTENPFLEGE

Der Garten ist kein Wohnzimmer
Indem Sie verwelkte Blätter oder verblühte Pflanzen im Herbst entfernen, nehmen Sie vielen Tieren die Möglichkeit, einen Unterschlupf für den Winter zu finden. Räumen Sie also nicht zu ordentlich auf.

Hummeln überwintern unter Laub
Wenn im Herbst die Blätter aus den Gärten entfernt werden, könnte es sich eine Hummelkönigin zur Winterruhe bereits darunter gemütlich gemacht haben. Manche Hummelköniginnen suchen in der Nähe ihres alten Nests einen Platz, um sich etwa 5-15 cm tief einzugraben. Sie suchen Orte, die nicht von der Sonne beschienen werden in nordwestlicher Ausrichtung, damit sie nicht zu früh aus dem Winterschlaf geweckt werden. Es wurde beobachtet, dass Hummeln gerne in Gesellschaft ihrer Artgenossen überwintern. Manche verstecken sich unter einer Laubschicht. Achten Sie beim Zusammenharken des Laubes darauf, ob sich Hummeln darunter befinden. So können Sie vielleicht vermeiden, dass eine Hummelkönigin versehentlich im Müll landet. Die Wahl der Nistplätze oder die der Winterquartiere fällt bei Hummeln sehr unterschiedlich aus.

Erdhummeln verstecken sich unter Laub, um über den Winter zu kommen und nisten beispielsweise in verlassenen Mauselöchern.
Ackerhummeln nisten im Brombeergestrüpp, unter Laubhaufen oder unter dichten Grasbüscheln.
Baumhummeln nisten in Baumhöhlen und manchmal auch in Meisenkästen. Aber nur dann, wenn das alte Vogelnest noch vorhanden ist. Sollten sie entdecken, dass eine Hummel in ein Vogelhaus einziehen wird, verkleinern Sie den Eingang. So können Maus oder Vogel das Hummelnest nicht ungebeten aufsuchen.
Wiesenhummeln nisten oberirdisch in verlassenen Vogelnestern hoch in den Bäumen, in Mauerritzen, unter Grasbüscheln und Moos, oder in hohlen Bäumen.

Die Helle Erdhummel *Bombus lucorum* an den Blüten der Färber-Hundskamille *Anthemis tinctoria* und der Weißen Lichtnelke *Silene latifolia*.

Die Gefleckte Kuckuckshummel *Bombus vestalis* an den Blüten des Echten Herzgespann *Leonurus cardiaca*.

BERATUNG

Die Gärtnerei Ihres Vertrauens

Viele Baumarkt- und Großmarktpflanzen sind mit Pestiziden belastet, die daraus entstehenden Folgen für die Insekten in unseren Gärten sind fatal. Besuchen Sie Gärtnereien, die ihre Pflanzen selber kultivieren und auf den Einsatz von Pestiziden verzichten. Erfahrungsgemäß brauchen pestizidfrei gezogene Pflanzen anfangs etwas länger zur Entwicklung, sie können auch mit den „gepushten" Baumarktkonkurrenten preislich nicht mithalten. Aber sie sind deutlich robuster und somit eine lohnende Investition in die Zukunft von Biene und Mensch.

Eine aktuelle Untersuchung zur Giftbelastung von „bienenfreundlichen" Pflanzen aus dem Großhandel kommt zu folgenden Ergebnissen:

- in 91% der Proben wurden Pestizide nachgewiesen
- 64 verschiedene Pestizide wurden festgestellt, 11 davon sind hoch bienengiftig

„Es wurden in Österreich und Deutschland bei Gartencentern, Blumenläden, Baumärkten, Lagerhäusern, Lebensmittelhändlern, Möbelhäusern und Gärtnereien insgesamt 44 bienenfreundliche Pflanzen eingekauft und von einem akkreditierten Labor auf Pestizidrückstände untersucht. Die Pflanzen waren entweder sichtbar mit einem Label als „bienenfreundlich" oder „insektenfreundlich" gekennzeichnet, wurden vom Verkaufspersonal als Bienenweiden empfohlen, oder sind allgemein als attraktiv für Bienen bekannt." ... „Der aktuelle Test bestätigt die Ergebnisse des letzten Jahres und zeigt erneut eine hohe Pestizidbelastung von bienenfreundlichen Pflanzen. Es besteht deshalb dringender Bedarf Bestäuber besser vor Pestiziden zu schützen."

Quelle: Giftfalle "bienenfreundliche Pflanzen" 2022, Publikation des Umweltforschungsinstituts GLOBAL 2000 in Zusammenarbeit mit dem BUND

PFLANZENSAMEN

Learning by doing

Pflanzensamen in guter Qualität sind leicht zu beziehen. Probieren Sie einfach etwas aus. Wenn am Ende der erste Bienenbesuch an einer selbstgezogenen Pflanze erfolgt, ist das garantiert ein ganz besonderer Moment. Außerdem sind diese Pflanzen garantiert pestizidfrei.

Ungeeignete Blühmischungen

Fallen Sie nicht auf scheinbar bienenfreundliche Blühmischungen herein. Schauen Sie genau hin. Nicht alle Mischungen beinhalten heimische Pflanzen. Manche sind zwar schön bunt, aber weitesgehend nutzlos.

Regiosaatgut

Inzwischen gibt es im Internet Anbieter, die zertifiziertes Regio-Saatgut verkaufen. Dies sind Mischungen gebietsheimischer Wildkräuter in ihrer Wildform. Oder schauen Sie nach Bio-Saatgut. So bekommen Sie garantiert Saatmischungen, die für Ihre kleinen Gartenbesucher nützlich sind.
Samen von gebietseigenen Wildpflanzen bekommen Sie beispielsweise bei www.rieger-hofmann.de.

NATÜRLICHE NISTMÖGLICHKEITEN FÜR WILDBIENEN

Wenn es darum geht, etwas gegen den Rückgang unserer Wildbienen zu tun, steht der Erhalt ihrer natürlichen Lebensräume an erster Stelle. Neben der Pflanzung ausgewählter Nahrungspflanzen ist es wichtig, ihre natürlichen Nistplätze zu erhalten oder neu zu schaffen. Damit meine ich nicht das Vorhandensein von „Wildbienenhotels". Es geht darüber hinaus um ihre natürlichen Lebensräume, die wir generell fördern sollten, die auch in unseren Gärten mit etwas Unordnung und gezielten Maßnahmen umgesetzt werden können.

Nicht jede Wildbienenart werden wir mit unseren insektenfreundlichen Gärten unterstützen können. Arten, die eine Bindung an bestimmte Lebensräume wie Dünen-, Heidelandschaften oder Felsflure aufweisen, werden wir vielleicht nicht ansprechen können. Mit unseren Gärten erreichen wir jedoch eine Vielzahl an Wildbienenarten, die in Offenlandschaften vorkommen. Genau diese nicht bewaldeten Landschaften werden immer seltener, da sie landwirtschaftlich genutzt werden. Artenreiche Gärten bieten bei entsprechender Bepflanzung und Struktur genau die richtigen Bedingungen für Wildbienen und viele weitere Insekten.

Meine langjährigen Beobachtungen zeigen, und darauf bin ich wirklich stolz, dass selbst in einem kleinen Stadtgarten, wie dem Unseren (180 qm), eine ungeahnt große Insektenvielfalt entstehen kann. Als ich vor etwa acht Jahren begann, die Artenvielfalt unseres Gartens zu dokumentieren, hatte ich die Vorstellung, dass vielleicht 25 bis 30 Wildbienenarten in unserem Garten vorkommen. Mit 57 verschiedenen Arten hatte ich nicht gerechnet.

Welche Bedingungen müssen Wildbienen vorfinden, damit sie sich erfolgreich ansiedeln können und was müssen wir über ihre Lebensweisen wissen, um das Richtige für sie zu tun.

Etwa 75 % aller Wildbienenarten nisten in der Erde. Für diese Arten sind Nisthilfen uninteressant. Dieser großen Gruppe der Wildbienen können wir mit unversiegelten, nicht gedüngten, mageren und unbepflanzten Flächen im Garten Nistmöglichkeiten bieten.

Nur etwa 25 % unserer in Gärten lebenden Arten nisten in vorhandenen oder vorgefertigten Hohlräumen wie beispielsweise in Käferfraßgängen, in Bohrungen im Totholz oder Hartholz, hohlen und markhaltigen Stängeln, in Bambusröhrchen oder in senkrechten Löss-oder Lehmwänden. Diesen Arten können wir künstliche Nisthilfen anbieten.

Mit der Pflanzung bestimmter Blühpflanzen wie beispielsweise Königskerze oder Stockrose bieten wir einigen Wildbienenarten die Möglichkeit, in deren markhaltigen Stängeln zu nisten. Vorausgesetzt, diese werden nicht zu früh entfernt. Denn dann landet der Nachwuchs, der erst im kommenden Jahr schlüpfen würde, vorzeitig im Müll oder auf dem Kompost. Es gibt Wildbienenarten, die auf aufrechte Pflanzenstängel angewiesen sind, sie nehmen waagerecht gelagerte Stängel in Nisthilfen nicht an.

Ich werde oft gefragt, wie ich mit diesen markhaltigen Stängeln umgehe, denn einige müssen im Frühjahr aus dem Beet entfernt werden, um Platz für nachwachsende Pflanzen zu schaffen.

Alle Stängel, die infrage kommen wie Distel, Königskerze, Stockrose, Beifuß, Brombeere, Himbeere, Klette oder Heckenrose stelle ich aufrecht und locker gebündelt an einen sonnigen Platz. Hier dürfen sie das ganze Jahr über stehen bleiben. Manche stehen bereits seit mehreren Jahren dort, da sie mich nicht stören und ich so den Zeitpunkt des Schlupfes nicht genau beobachten muss. Angelehnt und locker befestigt an einen Zaun können sie nicht umfallen, denn bei andauernder Staunässe würde die Brut darin verschimmeln.

Für diese „Unordnung" werde ich Jahr für Jahr mit einem Gewimmel an unterschiedlichen kleinen Wildbienenarten belohnt, die wiederum zu unterschiedlichen Zeiten im Jahr aus ihren senkrechten Linienbauten der markhaltigen Stängel schlüpfen.

Ahmen Sie in Ihrem Garten an ausgesuchten Stellen die Natur nach. Sie werden mit einer Artenvielfalt belohnt, die sich fast wie von selbst einstellt.

Englischer Rasen bzw. Rollrasen, mit Torfmulch bedeckte Beete, exotische Pflanzen, gedüngte und versiegelte Flächen bieten unseren kleinen Gartenbewohnern keinen Lebensraum. So angelegt scheint Ihr Garten vielleicht grün oder auch schön bunt, vermutlich mangelt es jedoch an Leben.

Auf der folgenden Doppelseite finden Sie eine übersichtliche Zusammenstellung hilfreicher Maßnahmen und Tipps, die Ihnen helfen werden, Nist- und Nahrungshabitate für Wildbienen zu schaffen.

Nutzen Sie die Möglichkeit, mit Ihrer vorhandenen Fläche aktiven Artenschutz zu betreiben. Ganz gleich, ob Sie einen Garten, eine Terrasse, einen Balkon oder nur eine kleine Fensterbank haben.

Jede Fläche zählt und wird von den Insekten gefunden.

Abbildung 1 und 2
Der schattige Teil unseres Gartens. Neben einer Vielzahl an Blühpflanzen gibt es verschiedene unversiegelte Flächen zwischen Bodenplatten und Pflastersteinen. Auch in der Blumenwiese unter dem Birnbaum sorge ich für unbepflanzte, lückige Stellen. Selbst hier im Schatten, auf der kleinen Wildblumenwiese und zwischen den Pflastersteinen nisten unzählige Erd- und Sandbienenarten.

Abbildung 3
Unser Garten im Herbst. Von nun an bleibt alles so, wie es ist. Verblühte Pflanzen dürfen an Ort und Stelle vertrocknen. Erst im Frühjahr, wenn Krokusse und Christrosen Platz und Licht brauchen, entferne ich Vertrocknetes, lasse jedoch Nachtkerzen, Wilde Karde, Stockrose und kleinere Stauden mit trockenen Samenständen stehen. Nicht nur für die Vögel, die die Pflanzensamen im Winter fressen. In trockenen, markhaltigen Stängeln befinden sich die Larven unterschiedlichster Insekten, die erst im Laufe des kommenden Jahres schlüpfen.

NISTHABITATE GEEIGNETE FLÄCHEN FÜR BODENNISTER, TOTHOLZNISTER UND STÄNGELNISTER

Lückenhaft bepflanzte Flächen

Lückenhafte Flächen zwischen den Pflanzen werden von Sand- und Erdbienen für ihre Erdbauten genutzt. Magere, lockere Böden werden bevorzugt angenommen. Sogar, wie hier abgebildet, im Schatten eines Baumes. Benutzen Sie keinen Dünger oder Torfmulch. Mit etwas Sand können Sie den Erdboden durchlässiger gestalten.

Vegetationsarme Flächen

So sieht der Eingang zu einem Erdnest aus. Auch kleinere lückenhafte Stellen innerhalb einer Wiese werden für den Bau der Nester dankbar angenommen. Ein perfekt gepflegter, lückenlos gewachsener grüner Rasen bietet den Tieren keine Möglichkeit, ein Nest anzulegen.

Sandige Flächen & Abbruchkanten

Solch eine sandige Steilwand ist eher selten in Gärten zu finden. Sie können jedoch, sollten Sie Platz haben, Hügel mit sandig lehmhaltiger Erde aufschütten. Die Mischung sollte so stabil sein, dass der Hügel einen guten Halt hat. Können Sie mit dem Fingernagel ein beständiges Loch kratzen, ist die Mischung geeignet.

Gepflasterte Bodenflächen

In den locker sandigen Zwischenräumen der Pflastersteine nisten viele Wildbienenarten unseres Gartens. Es ist aufwendig, diese Jahr für Jahr freizuhalten, daher lasse ich einige Pflanzen dort wachsen, bis sie verblüht sind. Die Zwischenräume dauerhaft zu versiegeln, würde die Vielfalt der Wildbienen drastisch verringern.

Ritzen zwischen Bodenplatten

Die unversiegelten Ritzen zwischen Wegplatten oder Trittsteinen werden ebenfalls bevorzugt zum Bau von Erdnestern genutzt. Im Sommer erwärmen sich die Bodenplatten, es ist warm und trocken, denn häufig sind Trittsteine in Sand gebettet, Regenwasser versickert rasch. Finden Sie ein kleines Loch zwischen zwei Platten, ist es mit großer Wahrscheinlichkeit der Eingang zu einem Wildbienen-Bodennest.

Vor Kälte schützende Laubhaufen

Indem Sie verwelkte Blätter oder verblühte Pflanzen im Herbst entfernen, nehmen Sie vielen Tieren die Möglichkeit, einen Unterschlupf für den Winter zu finden. Erdhummeln verstecken sich oftmals unter Laubhaufen, um über den Winter zu kommen. Ackerhummeln nisten nahe der Erdoberfläche, manchmal auch unter einer dichten Laubhaufenschicht. Platzieren Sie an ausgewählten Stellen kleinere Laubhaufen.

Trockenmauern und Steingärten

Fugen und Ritzen bieten wunderbare Nistmöglichkeiten für viele Wildbienenarten und andere Insekten. Hier entsteht ein trockenwarmer, magerer Lebensraum, der je nach Bepflanzung auch für Nahrung sorgt. Mauerbienen, Blattschneiderbienen, Wollbienen und Schmalbienen mögen solche Nistmöglichkeiten.

Steine und Felsbrocken

Größere Steine werden von einigen Mauerbienenarten oder von Harzbienenarten genutzt, da sie Mörtel- oder Harznester daran festheften.

Diese zwei Brutzellen aus Harz stammen von der „Kleinen Harzbiene" *Anthidium strigatum*. Sie wurden an einem frei stehenden Felsbrocken platziert.

Totholz mit Bohrungen

Dieser Eichenstamm mit Bohrlöchern wurde nach genau drei Jahren endlich angenommen. Vermutlich lag es an der Gerbsäure der noch frischen Eiche. Abgelagerte Holzstämme sind als Nisthilfe hervorragend geeignet. Sie stellen einen natürlichen Lebensraum dar und bieten im Winter einen optimalen Schutz vor Feuchtigkeit und Frost.

Morsches Totholz

Einige wenige Wildbienenarten, die ihre Gänge nicht aus eigener Kraft in hartes Holz nagen können, sind auf morsches Totholz angewiesen. Die Pelzbiene *Anthophora furcata* und die Blattschneiderbiene *Megachile nigriventris* nagen eigene Gänge in das morsche Totholz. Die Wollbiene *Anthidium manicatum* nutzt größere Hohlräume in morschem Totholz.

Alte Obstbäume

Ein alter Obstbaum trägt teilweise abgestorbene morsche Äste. Die Holzbiene *Xylocopa violacea*, sucht einen solchen Baum auf, um dort ihr Nest zu nagen. Unser Birnbaum blüht jedes Jahr, trägt aber keine Birnen, da er schon so alt ist. Er steckt jedoch voller Lebewesen, die unter der Rinde leben, vermutlich beherbergt er auch kleinere Wildbienenarten.

Totholz in den Garten legen

Sie können einen Totholzhaufen anlegen oder einen schönen alten Stamm an einer sonnigen Stelle im Garten platzieren.
Bevor Sie alte Baumstämme bei einem Osterfeuer oder Gartenfest verbrennen, schauen sie sich das Holz genauer an. Unzählige Insekten werden ihre Larven darin untergebracht haben.

Pflanzenstängel stehen lassen

Lassen Sie verblühte Pflanzenstängel den Winter über stehen. In markigen Stängeln verbergen sich oftmals viele Insekten- und Wildbienenlarven. Sie gelangen über Bruchstellen in die Stängel oder beißen kleine Löcher hinein.

Geeignete Pflanzen sind zum Beispiel: Beifuß, Brombeere, Distel, Himbeere, Königskerze, Klette, Stockrose und Heckenrose

Pflanzenstängel platzieren

Da kleinere Wildbienen keine eigenen Löcher beißen können, sind sie auf Bruchstellen der Stängel angewiesen. Wenn Sie den Bienen etwas anbieten möchten, können Sie einzelne markhaltige Stängel aufrecht im Beet an einem Trägerstab befestigen. Der Stängel selbst sollte nicht in den Boden gesteckt werden, da er zu schnell verrotten würde. Gebündelte Stängel werden weniger von den Bienen angenommen als einzelne.

Stängel richtig aufbewahren

Verblühte Pflanzenstängel, die möglicherweise besiedelt wurden, können Sie an einer sonnigen Stelle im Garten abstellen. Sie sollten dort für mindestens ein Jahr stehen bleiben, damit die Bienen schlüpfen können. Ob ein Stängel besiedelt wurde, erkennen Sie mit etwas Übung daran, ob kleine Löcher zu sehen sind oder eine Abbruchkante verschlossen wurde. Ich prüfe das nicht und stelle alle markhaltigen Pflanzenstängel über mehrere Jahre beiseite.

Wasserstellen

Bieten Sie Ihren Gartenbesuchern Wasser an. Ein kleiner Teich ist ideal. Alternativ kann eine Wasserschale mit Aussteighilfe aufgestellt werden. Damit die Tiere nicht im Wasser ertrinken, helfen ein Zweig oder Steine als Kletterhilfe oder auch als sicherer Landeplatz. Honigbienen und Wespen sind regelmäßig an Wasserstellen anzutreffen. Wasser sammelnde Wildbienen konnte ich bislang nicht beobachten.

NISTHILFEN
FÜR WILDBIENEN UND WESPEN

Nisthilfe oder Insektenhotel? Die Männchen einiger Wildbienenarten nutzen Nisthilfen tatsächlich als Übernachtungsmöglichkeit. Weibchen übernachten nicht in Wildbienenhotels, sie wollen ihre Larven für einen langen Zeitraum sicher unterbringen. Die Entwicklungszeit der meisten Nachkommen dauert ein Jahr. Daher sollten Nisthilfen gewisse Voraussetzungen erfüllen.

Auf den folgenden Seiten werden die häufigsten Nisthilfen-Bewohner und ihre Ansprüche an künstliche Behausungen kurz vorgestellt.

Ungewöhnliche Nistplätze … Unter den Wildbienen, die Nisthilfen annehmen, gibt es auch solche, die jedes kleine Loch für ihren Nestbau als geeignet ansehen. Mauerbienen sind dafür bekannt, dass sie an den ungewöhnlichsten Orten wie in Gartenmöbeln, Regallöchern, Fensterrahmen, Schläuchen oder sogar in den Löchern einer Blockflöte nisten.

Eine Maskenbiene nutzt einen Dübel für den Bau ihres Nestes.

Findet eine Mauerbiene ein Loch in einer Mauer, wird sie es sogleich beziehen.

Pappröhrchen für Wildbienen: Röhrchen aus Pappe, wie es die großformatige Aufnahme zeigt, müssen unbedingt vor Nässe geschützt werden. Sollten die Pappröhrchen sich mit Wasser vollsaugen, kommt es bei unzureichender Belüftung zu Schimmelbefall. Die Brut übersteht mit Schimmel befallene Nester nicht. Das Gehäuse solcher Pappröhrchen sollte daher aus Holz und nicht aus Blech oder glasierter Keramik sein. Holz ist atmungsaktiv. Die Röhrchen dürfen nicht aus dem Gehäuse herausragen, da regennasse Pappe verschimmelt.

Glockenblumen-Scherenbiene
Chelostoma rapunculi

Ein frisch geschlüpftes Weibchen schaut zum ersten Mal aus der bisherigen Behausung. Es hat in diesem Röhrchen als Ruhelarve in einem Kokon überwintert. Der Nestverschluss besteht aus Nektar, Mörtel und eingelagerten kleinen Steinchen.

HÄUFIGE NISTHILFEN-BEWOHNER
EINE AUSWAHL ...

Gehörnte Mauerbiene
Osmia cornuta

Lochdurchmesser: 8 mm
Nestverschluß: Lehm
Oberfläche brüchig und rauh

Rostrote Mauerbiene
Osmia bicornis

Lochdurchmesser: 6 mm
Nestverschluß: Lehm
Oberfläche brüchig und rauh

Gewöhnliche Löcherbiene
Heriades truncorum

Lochdurchmesser: 3,5 mm
Nestverschluß: Harz gemischt mit Steinchen und Holzstückchen

Glockenblumen-Scherenbiene
Chelostoma rapunculi

Lochdurchmesser: 3,5 mm
Nestverschluß: steinharter Mörtel aus Lehm oder Sand, Steinchen, Nektar

Kurzfransige Scherenbiene
Chelostoma campanularum

Lochdurchmesser: 3,5 mm
Nestverschluß: steinharter Mörtel aus Lehm oder Sand mit Nektar

Maskenbiene
Hylaeus sinuatus

Lochdurchmesser: 2–4 mm
Nestverschluß: seidige Membran aus Drüsensekreten

Grabwespe
Ectemnius lituratus [vermutlich]

Lochdurchmesser: 3-5 mm
Nestverschluß: blieb unverschlossen
einige Wochen lang

Staublaus-Grabwespe
Nitela borealis [vermutlich]

Lochdurchmesser: 2-3 mm
Nestverschluß: Holzfasern, Steinchen
Die kleine Wespe ist nur 3-4 mm groß

Töpfergrabwespe
Trypoxylon figulus

Lochdurchmesser: 3-6 mm
Nestverschluß: Lehm

Um die Kammern im Nest mit Nahrung für die Brut zu füllen, krabbelt eine Biene unzählige Male hinein und hinaus. Sobald eine Brutzelle gefüllt ist, wird nach dem Rückwärtsgang das Ei abgelegt. Holzsplitter an einer Bohrung können die empfindlichen Flügel verletzen, daher ist es wichtig, auf saubere Bohrungen zu achten.

Neben selbstgebauten Nisthilfen finden sich auch zugekaufte in unserem Garten. Wunderbar verarbeitet, daher sehr zu empfehlen, sind zum Beispiel die Nisthilfen von „Wildbienenglück".

1 Besonderer Gast in unserem Garten: die seltene Distel-Mauerbiene *Osmia leaiana*

2 Hier schauen Scherenbienenweibchen aus ihren Röhrchen

3 Nestverschluss aus Pflanzenmörtel *Osmia leaiana*

4 Nestverschluss aus Lehm oder Sand, Steinchen und Nektar *Chelostoma rapunculi*

5 *Chelostoma rapunculi*

6 Im Laufe des Winters verpilzen die Nistverschlüsse von *Chelostoma florisomne* (aufgrund der Zugabe von Nektar)

7 Gitter zum Schutz vor hungrigen Vögeln wie dem Specht, der bei uns täglich vorbeischaut

8 Mauerbienen-Männchen *Osmia cornuta* übernachten in leeren Röhrchen

Die dunklen Nistverschlüsse stammen von *Chelostoma florisomne*

Die hellen Nistverschlüsse stammen von *Osmia bicornis* und *Osmia cornuta*

WILDBIENENARTEN
DIE NISTHILFEN ANNEHMEN

Blattschneiderbiene *Megachile centuncularis*
Blattschneiderbiene *Megachile ericetorum*
Blattschneiderbiene *Megachile nigriventris****
Blattschneiderbiene *Megachile rotunda*
Blattschneiderbiene *Megachile versicolor*
Blattschneiderbiene *Megachile willughbiella*
Fleckenbiene *Thyreus orbatus**
Düsterbiene *Stelis breviuscula*
Düsterbiene *Stelis minuta*
Düsterbiene *Stelis ornatula*
Düsterbiene *Stelis phaeoptera*
Düsterbiene *Stelis punctulatissima*
Holzbiene *Xylocopa violacea****
Holzbiene *Xylocopa valga****
Kegelbiene *Coelioxys elongata*
Keulhornbiene *Ceratina chalybea***
Keulhornbiene *Ceratina cucurbitina***
Keulhornbiene *Ceratina cyanea***
Löcherbiene *Heriades truncorum*
Löcherbiene *Heriades crenulatus*
Maskenbiene *Hylaeus annularis***
Maskenbiene *Hylaeus angustatus***
Maskenbiene *Hylaeus brevicornis***
Maskenbiene *Hylaeus communis***
Maskenbiene *Hylaeus confusus***
Maskenbiene *Hylaeus cornutus***
Maskenbiene *Hylaeus gibbus***
Maskenbiene *Hylaeus gracilicornis***
Maskenbiene *Hylaeus leptocephalus***
Maskenbiene *Hylaeus lineolatus***
Maskenbiene *Hylaeus pictipes***
Maskenbiene *Hylaeus signatus***
Mauerbiene *Osmia adunca*
Mauerbiene *Osmia bicornis*
Mauerbiene *Osmia brevicornis*
Mauerbiene *Osmia caerulescens*
Mauerbiene *Osmia cornuta*
Mauerbiene *Osmia claviventris***
Mauerbiene *Osmia leaiana*
Mauerbiene *Osmia leucomelana***
Mauerbiene *Osmia niveata*
Mauerbiene *Osmia parietina*
Mauerbiene *Osmia tridentata***
Pelzbiene *Anthophora furcata****
Pelzbiene *Anthophora plumipes**
Pelzbiene *Anthophora quadrimaculata**
Scherenbiene *Chelostoma campanularum*
Scherenbiene *Chelostoma distinctum*
Scherenbiene *Chelostoma florisomne*
Scherenbiene *Chelostoma rapunculi*
Seidenbiene *Colletes daviesanus**
Seidenbiene *Colletes similis**
Schmalbiene *Lasioglossum nitidulum**
Trauerbiene *Melecta albifrons**
Wollbiene *Anthidium manicatum*

* Diese Wildbienenarten besiedeln Löß- und Lehmwände
** Mögliche Bewohner markhaltiger Stängel
*** Überwiegend in Totholz nistende Arten

KUCKUCKSINSEKTEN
WESPEN, FLIEGEN UND CO.

Man nennt sie Parasitoide*, sie gehören zu den Brutschmarotzern, die im Tierreich weit verbreitet sind. Die hier aufgeführten Insekten leben auf Kosten der Wildbienen, von denen sie wiederum abhängig sind. Indem wir ihre Wirte schützen und fördern, schaffen wir auch für diese „Kuckucksinsekten" Überlebenschancen. Und das ist gut so! Derart spezialisiert leben sie ein Leben in völliger Abhängigkeit von ihren Wirten.

Betrachten Sie den Besuch dieser Insekten an Ihren Nisthilfen bitte nicht mit Argwohn, erfreuen Sie sich vielmehr an ihrer wunderbaren, oftmals exotischen Erscheinung. Mit einer Nisthilfe schaffen Sie die Möglichkeit, dass Artenvielfalt in Ihrem Garten entstehen kann, dazu gehören auch parasitisch lebende Insekten, die übrigens ebenfalls wichtige Bestäuber unserer Natur sind.

Die Aufnahme des Trauerschwebers zeigt ein Weibchen im Anflug an ein Mauerbienennest, welches sich in einem Bohrloch unserer Hauswand befindet. Dieses recht prominente Bohrloch scheint für diverse Tiere von großem Interesse zu sein. Mauerbienen besiedeln es bevorzugt. Ist es frisch verschlossen, kommt die nächste Mauerbiene, öffnet es und übernimmt das Loch, um ihr eigenes Nest darin zu bauen. Der Trauerschweber legt in einem passenden Moment ein eigenes Ei in das Nest der Mauerbiene und zu guter Letzt pickt eine Meise das Nest auf und frisst dessen Inhalt. Danach wird es wieder besiedelt ...

Dieser Prozess wiederholt sich Jahr für Jahr. In der weißen Hauswand ist das mit Lehm versiegelte Loch ein von Weitem sichtbarer Magnet für Insekten und Vögel. Mein schlechtes Gewissen zwingt mich nun, das Loch dieses Jahr endlich zu verschließen. Meine Nisthilfen sind mit einem Vogelschutz versehen. Dort sind die Larven gut geschützt untergebracht.

So ist nun mal der Lauf der Dinge, der eine frisst den anderen. Eine regulatorische Funktion der Natur. Nur so kann unser hochkomplexes Ökosystem existieren.

Goldwespe
Hedychrum gerstaeckeri

Wirte: Knotenwespen *Cerceris rybyensis, Cerceris ruficornis, Cerceris sabulosa*

Gemeine Goldwespe
Chrysis ignata

Wirte: Solitäre Faltenwespen, diverse *Ancistrocerus*-Arten, *Symmorphus bifasciatus*

Schmalbauchwespe
Gasteruption assectator

Wirte: Maskenbienen *Hylaeus brevicornis, H.communis, H. pectoralis,* Scherenbiene *Chelostoma rapunculi*

Schmalbauchwespe
Gasteruption erythrostomum

Wirte: Maskenbienen *Hylaeus pectoralis, H. communis, H. hyalinatus, H. punctatus*

Falten-Erzwespe
Leucospis dorsigera

Wirte: *Anthidium strigatum, Osmia adunca, Osmia bicornis, Osmia tridentata* und andere

Zehnpunkt-Keulenwespe
Sapygina decemguttata

Wirte: Löcherbienen *Heriades crenulata, Heriades truncorum*

Mauerbienen-Taufliege
Cacoxenus indagator

Wirte: Mauerbienen *Osmia bicornis, Osmia cornuta*

Trauerschweber
Anthrax anthrax

Wirte: Blattschneiderbienen, Löcherbienen, Mauerbienen, Pelzbienen, Scherenbienen, Wollbienen

Es gibt einige weitere Arten, die Nisthilfen aufsuchen, um ihre Eier abzulegen. Die hier aufgelisteten Arten konnte ich an unseren Nisthilfen beobachten.

* Parasitoide sind eine Sonderform der Parasiten, sie töten ihren Wirt.

Zwei Weibchen der Gehörnten Mauerbiene an den Eingängen ihrer Nester.

KÜNSTLICHE NISTHILFEN
WORAUF IST ZU ACHTEN

Das Angebot an künstlichen Nisthilfen ist unübersichtlich groß. Leider gibt es jede Menge für Wildbienen untaugliche Ausführungen. Viele handelsübliche Nisthilfen sind so schlecht verarbeitet und unsinnig ausgestattet, dass sie Wildbienen eher gefährden, als sie sicher über viele Monate zu beherbergen. Selten sind sie wintertauglich, oft sind Bohrungen und Röhrchen versplittert, sodass die Flügel der Bienen verletzt werden könnten.

Eine völlig unbrauchbare Nisthilfe. Kein Wunder, dass hier bislang noch niemand eingezogen ist.

Kiefernzapfen, Laub und Stroh sind für Wildbienen nicht geeignet, auch Marienkäfer wollen hier nicht hinein.

Holzreste: Fraglich, was Wildbienen damit anfangen sollen.

Lochziegel: Hier zieht niemand ein. Die Öffnungen sind zu groß für Wildbienen. Legen Sie Röhrchen hinein, können Vögel diese bequem herausziehen. Landen gefüllte Röhrchen auf der feuchten Erde, verschimmelt die Brut.

Die häufigsten Bewohner von Insektenhäusern sind solitäre Totholzbesiedler. Diese solitär lebenden Arten bilden keine Staaten. Jedes Weibchen baut und versorgt alleine bis zu 30 Brutzellen. Jede einzelne Brutzelle enthält eine Larve und ausreichend Proviant für das gesamte Wachstum der Larve (eine Mischung aus Pollen und Blütennektar). Aus diesen Zellen schlüpfen im kommenden Jahr die Nachkommen. In einem Insektenhaus-Röhrchen liegen mehrere Brutzellen hintereinander.

Die Entwicklungszeit vom Ei bis zum Vollinsekt dauert bis zu einem Jahr oder sogar länger. Daher müssen die Insektenhäuser das gesamte Jahr über im Außenbereich bleiben und dürfen während der Brutzeit nicht erneuert oder gereinigt werden. Erneuern Sie defekte Röhrchen erst dann, wenn die Bewohner ausgezogen sind. Frost macht den Larven übrigens nichts aus. Zu viel Wärme im Winter kann zu Parasitenbefall führen.

Stellen Sie eine Nisthilfe auf keinen Fall im Winter in den Keller!

Die Nisthilfe sollte einen gut geeigneten Standort bekommen. Ideal ist die Ausrichtung nach Südosten, um die manchmal allzu heiße Mittagssonne zu vermeiden. Der Abstand vom Boden muss wegen des Spritzwassers mindestens einen Meter betragen. Wichtiger als eine exakte Ausrichtung nach Südosten ist, dass die Front der Nisthilfe nicht zur sogenannten Wetterseite zeigt. Dem Wind und Regen ausgesetzte Löcher werden ungern besiedelt. Bei zu viel Nässe könnte die Bienenbrut verschimmeln.

Achten Sie darauf, dass die Röhrchen nicht eingerissen oder versplittert sind. Wildbienenweibchen besuchen die Röhrchen zur Fertigstellung der Brutzellen unzählige Male. Ist eine Zelle fertig, klettert sie zur Eiablage rückwärts hinein. Sollte der Eingang versplittert sein, kann sie sich beim Rückwärtsgang die Flügel verletzen. Gut geeignet sind zum Beispiel dickwandige Bambusröhrchen. Diese können sauber gesägt und an den Enden geschliffen werden.

Bohrlöcher nur in die Längsseite eines Holzstammes, nicht in die Kopf- also Stirnseite (Baumscheiben) bohren. Diese können im Winter reißen. Über die Risse können Parasiten oder Frost in das Holz gelangen. Die Brut wäre dann nicht mehr geschützt.

Eine Bitte

Kaufen Sie keine Mauerbienenkokons. Sollte die Mauerbiene in Ihrer Region heimisch sein, kommt sie von ganz alleine. Das Verschicken dieser Art greift in ihre natürliche Evolution ein. Zudem sind gerade Mauerbienen auf eine derartige „Hilfe" nicht angewiesen. Unterstützen Sie das Geschäft mit den Wildbienen nicht!

Die Abbildung links zeigt die Längsseite eines Holzstammes. Bohrungen im rechten Winkel zum Stamm sind richtig. Die rechte Abbildung zeigt Risse in einer Stirnholzscheibe.

Kein harziges oder zu frisches Holz verwenden.
Das austretende Harz verklebt die Flügel der Tiere, frisches Holz kann reißen. Wählen Sie harte Hölzer wie Esche, Apfel, Pflaume, Birne, Haselnuss oder Eiche. Das weiche Holz von Fichte und Kiefer quillt bei Feuchtigkeit, Holzfasern stellen sich auf und können die Flügel der Bienen beschädigen oder die Brut gefährden. Die aufgequollenen Holzfasern können den Innenraum verengen.

So bitte nicht: Durchmesser zu groß – Röhrchen zu kurz
Geeignete Loch- oder Röhrchendurchmesser sind: 2 bis 10 mm. Die Schwarze Holzbiene benötigt 20 mm. Je größer der Lochdurchmesser umso tiefer sollte gebohrt werden.

Welcher Durchmesser ist für welche Biene oder Wespe geeignet:

2-4 mm	Maskenbienen, Grabwespen
3-5 mm	Hahnenfuß-Scherenbiene, Glockenblumen-Scherenbiene, Gewöhnliche Löcherbiene
4-5 mm	Stahlblaue Mauerbiene
5-7 mm	Natternkopf-Mauerbiene, Blattschneiderbienen
5-10 mm	Gehörnte Mauerbiene, Rostrote Mauerbiene, Platterbsen-Mörtelbiene
20 mm	Schwarze Holzbiene

Ein Specht- und Meisenschutz ist unerlässlich. Da auch unsere Gartenvögel gerne Wildbienenlarven fressen, haben sie längst die prall gefüllten Nistkästen entdeckt. Ein Gitter, das mit genügend Abstand zu den Röhrchen oder Lochbohrungen angebracht ist, hilft, die Vögel auf Abstand zu halten.

Sämtliche Nisthilfen unseres Gartens sind vor Vögeln geschützt. Eine waagerechte Einflugschneise vereinfacht den Bienen den Flug durch das Gitter. Die Nisthilfen hängen sonnig und vor Regen geschützt.

Lehmwand Oftmals sind solche Lehmwände zu hart für die Steilwandbewohner. Sie bleiben unbewohnt. Löß wäre hier das richtige Baumaterial, aber es darf selten aus der Natur entnommen werden. Ungewaschener, stark verdichteter, feinkörniger Sand in einem eckigen Steingut- oder Tonkasten wäre eine gute Alternative. Besser geeignet sind jedoch offene Böden ohne Bewuchs mit südseitig leichtem Gefälle, die warm und trocken sind.

Einigen geflügelten Gästen hat diese Lehmwand gefallen. Man erkennt die Überreste der Kamine einer bestimmten Faltenwespe: Odynerus spinipes, sie wird „Gemeine Schornsteinwespe" genannt, da sie gekrümmte Röhren an ihren Nisteingängen hinterlässt.

Markhaltige Stängel Sie werden meist nicht angenommen, wenn sie waagerecht liegen. Sie sollten möglichst „natürlich" in vertikaler Ausrichtung angebracht werden. Besiedler abgestorbener Brombeerstängel finden in der Natur über Bruchstellen Zugang zum markhaltigen Inneren. Die Stängel nicht in den Boden stecken, so tritt Feuchtigkeit ein. Ideal ist, diese einzeln ohne Bodenkontakt an einem Stab, am Zaun, einer Wand oder am Geländer zu befestigen.

Beobachtungsröhrchen aus Glas oder Kunststoff führen mit großer Warscheinlichkeit zu Pilzbefall der Brut und bedeuten meist den sicheren Tod, da diese Materialien Wasserdampf-undurchlässig sind. Natürliche Materialien sollten immer die erste Wahl sein. Immerhin versuchen wir mit den Nisthilfen die natürlichen Brutbedingungen nachzuahmen.

SCHLAFENDE WILDBIENEN

Unter den Wildbienen gibt es bei der Wahl des richtigen Schlafplatzes unterschiedliche Vorlieben und teils ungewöhnlich anmutende Schlafgewohnheiten.

So sind es meist Wildbienenmännchen, die sich am frühen Abend mit ihren Mandibeln an einem Pflanzenstängel oder Grashalm außerhalb ihrer Nistplätze festbeißen, um zu schlafen. Nicht selten treffen sich mehrere Tiere, um gemeinsam die Nacht zu verbringen. Es scheint ihnen nichts auszumachen, die gesamte Nacht regungslos an einem Stöckchen hängend oder in waagerecht abstehender Körperhaltung zu schlafen, wie es beispielsweise die Abbildungen der Florentiner-Wollbiene zeigen. Diese brauchte eine ganze Weile, bis die Position stimmte. Irgendwann war klar - so wird geschlafen. In unmittelbarer Nähe, etwa auf einer Fläche von nur einem Quadratmeter, entdeckte ich weitere schlafende Wildbienenarten: *Halictus scabiosae, Anthidium florentinum, Coelioxys brevis, Pseudapis diversipes* und *Dasypoda argentata*. Scheinbar übernachten diese Arten gerne in Gesellschaft anderer Wildbienen, denn Platzmangel herrschte dort nicht. Die erwähnten Bienen werden auf den folgenden Seiten vorgestellt.

Weitere beliebte Schlafplätze sind die Blüten von Glockenblumen, Storchschnabel, Malve, Flockenblumen oder diversen Korbblütlern.

Die Abbildungen dieser Seite zeigen einige dieser Schlafplätze:

1 Zwei Männchen der Glockenblumen-Sägehornbiene *Melitta haemorrhoidalis* in der Pfirsichblättrigen Glockenblume
2 Die Kurzfransige Scherenbiene *Chelostoma campanularum*, im Hintergrund die Glockenblumen-Scherenbiene *Chelostoma rapunculi* in der Nesselblättrigen Glockenblume
3 Zwei Männchen der Auen-Schenkelbiene *Macropis europaea* in den Blüten des Gilbweiderich
4 Ein Weibchen der Wald-Schenkelbiene *Macropis fulvipes* im Wald-Storchschnabel
5 Ein Männchen der Großen Zottelbiene *Panurgus banksianus* in der sich schließenden Blüte des Gewöhnlichen Bitterkraut
6 Ein ruhendes Weibchen der Gewöhnlichen Löcherbiene *Heriades truncorum* an einem Blattrand
7 Mehrere Männchen der Gewöhnlichen Schmalbiene *Lasioglossum calceatum* an einem trockenen Blütenstand
8 Ein Männchen der Gestreiften Wespenbiene *Nomada striata* an einem Stängel

Bei ungünstigen Wetterbedingungen oder bei zu großer Mittagshitze legen viele Wildbienenarten eine Ruhepause ein. Dazu suchen sie Plätze in Blüten, in ihren Nestern im Boden oder in Nisthilfen auf. Weibchen verbringen Ruhepausen und auch die Nacht meist bei ihrer Brut.

Die Fotografie ruhender Wildbienen ist wunderbar. Wenn man sich geschickt nähert, kann man ausnahmsweise in Ruhe über Belichtungszeit oder Blende nachdenken.

3

4

5

6

7

8

FLORENTINER-WOLLBIENE
Anthidium florentinum

STEINHUMMEL
Bombus lapidarius (Weibchen)

SCHIENENBIENE
Pseudapis diversipes
WEISSE BINDENPELZBIENE
Amegilla quadrifasciata

GELBBINDIGE FURCHENBIENE
Halictus scabiosae

FLORENTINER-WOLLBIENE
Anthidium florentinum

ROTFRANSEN-ERDBIENE
Andrena haemorrhoa

BLUTWEIDERICH-LANGHORNBIENE
Eucera salicariae

KEGELBIENE
Coelioxys brevis

STEINHUMMEL
Bombus lapidarius (Männchen)

SCHMALLAPPIGE SCHIENENBIENE
Pseudapis diversipes / gemeinsam schlafende Männchen

GEWÖHNLICHE SCHMALBIENE
Lasioglossum calceatum

SKABIOSEN-HOSENBIENE
Dasypoda argentata / Männchen

Rechte Seite:
GARTEN-WOLLBIENE
Anthidium manicatum
zwei Weibchen

Manchmal dauert es, bis die richtige Position für eine längere Ruhepause gefunden ist.

SINNESTÄUSCHUNG
NUR SO TUN ALS OB

Der Pinselkäfer wäre vielleicht gerne eine Wespe. Zumindest tut er so als ob. Das Nachahmen der typischen äußeren Merkmale eines anderen wehrhaften Insektes soll eine Täuschung auf Seiten des Signalempfängers bewirken.

Diese Mimikry irritiert Fressfeinde. Es ist die Überlebensstrategie vieler Insekten. Schwebfliegen besitzen zum Beispiel keinen wehrhaften Stachel, täuschen dies jedoch durch ihr „gefährliches" Aussehen vor.

Im ersten Moment, von Weitem, bin ich jedenfalls genau im richtigen Moment auf das Signal dieser beiden Käfer aufmerksam geworden, um diese nette Begegnung mit der Kamera festzuhalten.

Pinselkäfer *Trichius sexualis* oder *Trichius gallicus*

Große Schwebfliege *Syrphus ribesii*

Gemeine Feldschwebfliege *Eupeodes corollae*

Große Sumpfschwebfliege *Helophilus trivittatus* (beide Abbildungen)

Hornissenschwebfliege *Volucella zonaria*

Mondfleck-Feldschwebfliege *Eupeodes luniger*

Gemeine Stiftschwebfliege *Sphaerophoria scripta*, links das Weibchen, rechts das Männchen

PINSELKÄFER
Trichius sexualis oder Trichius gallicus

NEOPHYTEN
GEBIETSFREMDE PFLANZEN

Als Neophyten werden Pflanzen bezeichnet, die bewusst oder unbeabsichtigt nach 1492 in Gebiete eingeführt wurden, in denen sie natürlicherweise nicht vorkamen.

Als Archäophyten werden Pflanzen bezeichnet, die mit Beginn des Ackerbaus in der Jungsteinzeit oder durch den Handel der Römer nach Mitteleuropa kamen. So gelangten Getreide oder Ackerwildkräuter hierher, die nicht ursprünglich waren aber unsere Vegetation prägten.

Etwa 30% aller Neophyten wurden als Zierpflanzen eingeführt, ca. 20% wurden als land- und forstwirtschaftliche Nutzpflanzen etabliert. Bekannte Beispiele für beabsichtigt eingeführte Zier- und Nutzpflanzen sind:

Aus dem Mittelmeerraum: Mangold, Artischocke, Muskateller-Salbei, Rosmarin, Thymian, Lavendel, Senf
Aus Afrika: Strohblume, Fleißiges Lieschen, Schmucklilie, Fackellilie, Strauchmargerite
Aus Asien: Weizen, Gerste, Zwiebel, Taglilie, China-Schilf
Aus Amerika: Mais, Kartoffel, Tomate, Paprika, Petunie, Sonnenblume, Sonnenhut, Stechapfel *1

Die Auswilderung von Kultursorten kann ebenso problematisch sein wie die invasiver Arten. Sollte eine Kultursorte eine einheimische Wildform verdrängen, verändert sich die genetische Ausstattung einer Region.

Bei etwa 10% der neu eingebürgerten Pflanzen kommt es zu unerwünschten Auswirkungen. Für das Drüsige Springkraut ist beispielsweise belegt, dass es 1839 aus dem westlichen Himalaya als Zierpflanze nach England eingeführt wurde und sich von dort aus weiter in Europa verbreiten konnte. Da es sich unter passenden Standortbedingungen inzwischen massiv ausbreitet, entwickelt es sich zu einer Bedrohung für unsere Biodiversität. Heimische Pflanzen werden durch die Ausbreitung des Springkrauts verdrängt.

Auch wenn invasive Arten einer gewissen Zahl von Insekten Nahrung bieten, ist ihr Nutzen wesentlich geringer als der Schaden, den sie anrichten können, denn sie verdrängen heimische Gewächse, die unzähligen Tierarten als Nahrungsgrundlage dienen.

Zu den wichtigen Aufgaben des Umweltschutzes gehört es, die zunehmende Gefährdung unserer heimischen Pflanzenwelt durch invasive Pflanzenarten einzudämmen. Um diese teils kaum zu bewältigenden Projekte zu unterstützen, lohnt es sich, im eigenen Garten Pflanzen wie Beispielsweise die Kanadische Goldrute durch die einheimische Gewöhnliche Goldrute *Solidago virgaurea* auszutauschen. Ein Vorteil der heimischen Goldrute: Sie bildet keine unterirdischen Ausläufer, daher ist sie pflegeleichter als ihre entfernte Verwandte. Außerdem lockt sie ebenso viele Insekten an.

„38 invasive Gefäßpflanzenarten gefährden die biologische Vielfalt in Deutschland. Das Auftreten von Arten außerhalb ihres natürlichen Verbreitungsgebietes infolge menschlicher Aktivitäten wie Handel, Transport und Verkehr gilt weltweit als eine wichtige Ursache für den Verlust biologischer Vielfalt. Nicht alle gebietsfremden Arten haben dabei allerdings das gleiche Gefährdungspotential: In Deutschland sind 38 von rund 2.000 gebietsfremden Gefäßpflanzenarten als invasiv eingestuft und gelten damit als gefährdend für die heimische Pflanzenwelt."

Zitat: Bundesamt für Naturschutz / bfn.de/daten-und-fakten

Folgende 38 invasive Gefäßpflanzenarten werden vom Bundesamt für Naturschutz aufgeführt: *2

Großer Algenfarn	*Azolla filiculoides*
Eschen-Ahorn	*Acer negundo*
Götterbaum	*Ailanthus altissima*
Nadelkraut	*Crassula helmsii*
Gewöhnliches Hundszahngras	*Cynodon dactylon*
Kanadische Wasserpest	*Elodea canadensis*
Schmalblättrige Wasserpest	*Elodea nuttallii*
Drüsiges Weidenröschen	*Epilobium ciliatum*
Bastard-Staudenknöterich	*Fallopia bohemica*
Japan-Staudenknöterich	*Fallopia japonica*
Sachalin-Staudenknöterich	*Fallopia sachalinensis*
Pennsylvanische Esche	*Fraxinus pennsylvanica*
Silber-Goldnessel	*Galeobdolon argentatum*
Riesen-Bärenklau	*Heracleum mantegazzianum*
Großer Wassernabel	*Hydrocotyle ranunculoides*
Wechselblatt-Wasserpest	*Lagarosiphon major*
Großblütiges Heusenkraut	*Ludwigia grandiflora*
Kents Heusenkraut	*Ludwigia x kentiana*
Vielblättrige Lupine	*Lupinus polyphyllus*
Gelbe Scheinkalla	*Lysichiton americanus*
Brasilianisches Tausendblatt	*Myriophyllum aquaticum*
Verschiedenblättriges Tausendblatt	*Myriophyllum heterophyllum*
Kaukasus-Glanzfetthenne	*Phedimus spurius*
Weymouth-Kiefer	*Pinus strobus*
Bastard-Pappel	*Populus canadensis*
Späte Traubenkirsche	*Prunus serotina*
Gewöhnliche Douglasie	*Pseudotsuga menziesii*
Rot-Eiche	*Quercus rubra*
Pontischer Rhododendron	*Rhododendron ponticum*
Robinie	*Robinia pseudoacacia*
Kartoffel-Rose	*Rosa rugosa*
Braunrote Schlauchpflanze	*Sarracenia purpurea*
Kanadische Goldrute	*Solidago canadensis*
Späte Goldrute	*Solidago gigantea*
Salz-Schlickgras	*Spartina anglica*
Lanzett-Herbstaster	*Symphyotrichum lanceolatum*
Neubelgien-Herbstaster	*Symphyotrichum novi-belgii*
Gewöhnlicher Flieder	*Syringa vulgaris*

Liste invasiver gebietsfremder Arten von EU-weiter Bedeutung [Unionsliste]

Gefäßpflanzen		Status DE	Listung gilt ab
Weidenblatt-Akazie	*Acacia saligna*	**F***	2019
Götterbaum	*Ailanthus altissima*	**E**	2019
Alligatorkraut	*Alternanthera philoxeroides*	**F***	2017
Blauständige Besensegge	*Andropogon virginicus*	**F***	2019
Gewöhnliche Seidenpflanze	*Asclepias syriaca*	**E**	2017
Kreuzstrauch	*Baccharis halimifolia*	**F***	2016
Karolina-Haarnixe	*Cabomba caroliniana*	**U***	2016
Ballonwein	*Cardiospermum grandiflorum*	**F***	2019
Rundblättriger Baumwürger	*Celastrus orbiculatus*	**E**	2027
Pampasgras	*Cortaderia jubata*	**F***	2019
Steppengras	*Ehrharta calycina*	**F***	2019
Wasserhyazinthe	*Eichhornia crassipes*	**EZ***	2016
Schmalblättrige Wasserpest	*Elodea nuttallii*	**E**	2017
Chilenischer Riesenrhabarber	*Gunnera tinctoria*	**F***	2017
Falscher Wasserfreund	*Gymnocoronis spilanthoides*	**F***	2019
Nadelblättriges Nadelkissen	*Hakea sericea*	**F***	2022
Riesenbärenklau	*Heracleum mantegazzianum*	**E**	2017
Persischer Bärenklau	*Heracleum persicum*	**F***	2016
Sosnowskyi Bärenklau	*Heracleum sosnowskyi*	**EZ***	2016
Japanischer Hopfen	*Humulus scandens*	**U***	2019
Großer Wassernabel	*Hydrocotyle ranunculoides*	**E**	2016
Drüsiges Springkraut	*Impatiens glandulifera*	**E**	2017
Flieder-Knöterich	*Koenigia polystachya*	**E**	2022
Wechselblatt-Wasserpest	*Lagarosiphon major*	**E**	2016
Chinesischer Buschklee	*Lespedeza cuneata*	**F***	2019
Großblütiges Heusenkraut	*Ludwigia grandiflora*	**E**	2016
Flutendes Heusenkraut	*Ludwigia peploides*	**EZ***	2016
Japanischer Kletterfarn	*Lygodium japonicum*	**F***	2019
Gelbe Scheinkalla	*Lysichiton americanus*	**E**	2016
Japanisches Stelzengras	*Microstegium vimineum*	**F***	2017
Brasilianisches Tausendblatt	*Myriophyllum aquaticum*	**E**	2016
Verschiedenblättriges Tausendblatt	*Myriophyllum heterophyllum*	**E**	2017
Karottenkraut	*Parthenium hysterophorus*	**EZ***	2016
Afrikanisches Lampenputzergras	*Pennisetum setaceum*	**F***	2017
Durchwachsener Knöterich	*Persicaria perfoliata*	**EZ***	2016
Wassersalat	*Pistia stratiotes*	**U**	2024
Mesquitebaum	*Prosopis juliflora*	**F***	2019
Kudzu	*Pueraria lobata*	**F***	2016
Okamuras Braunalge	*Rugulopteryx okamurae*	**F***	2022
Schwimmfarn	*Salvinia molesta*	**U***	2019
Chinesischer Talgbaum	*Triadica sebifera*	**F***	2019

EZ Einzelfunde / **E** Etabliert / **F** Fehlend / **U** Unbeständig / * Unterliegt bei einem Auftreten in Deutschland Art. 16 EU-VO [frühe Phase der Invasion] Quelle: neobiota.bfn.de/unionsliste

Drüsiges Springkraut
Impatiens glandulifera

Riesenbärenklau
Heracleum mantegazzianum

*1 Quelle: „Neophyten – Neulinge in der Pflanzenwelt", Bayerisches Landesamt für Umwelt, UmweltWissen – Natur, Dr. Katharina Stroh, Dr. Herbert Preiss, Brigitte Schäffler

*2 Quelle: Nehring, S., Kowarik, I., Rabitsch, W. und Essl, F. [Hrsg.] [2013]: Naturschutzfachliche Invasivitätsbewertungen für in Deutschland wild lebende gebietsfremde Gefäßpflanzen. BfN-Skripten 352. Bonn.

ALLGEMEIN

FAUNA

FLORA

OLIGOLEKTISCHE WILDBIENEN

(siehe Aufzählung, Seite 196-207)

Fotografie: Michael Römer

AUTOREN

Anja Eder

Anja Eder ist Naturfotografin und selbstständige Grafik-Designerin. Mit ihrem Partner Michael Römer führt sie unter dem Namen picnic-design ein Büro für Visuelle Kommunikation. 2014 entdeckte sie ihre Begeisterung für die Insektenfotografie. Vor allem die Makrofotografie der Wildbienen faszinierte sie. Für das Buch arbeitete sie sich mit Ehrgeiz hinein in die Thematik der Hautflügler. Die Recherchen zum Buch und die Umsetzung ihrer Idee ließen keinen Raum mehr für andere Projekte.

„Einige fragen sich vielleicht, wie eine Designerin dazu kommt, ein Buch über Wildbienen zu realisieren. Welche Triebfeder führt dazu, ein solches Projekt fast im Alleingang zu stemmen ? Es ist die Empathie für Tiere. Die genaue Beobachtung der Insektenwelt ließ Anja Eder erkennen, dass etwas nicht stimmt. Die offensichtlich mit Pestiziden behandelte Blühpflanze im eigenen Garten brachte den Stein ins Rollen. Hier wurde die unmittelbare Wirkung der Nervengifte deutlich. Die weitreichende Bedrohung eines, bis dahin kaum bemerkten Kosmos, ließ sie nicht mehr ruhen…"
Michael Römer

Michael Römer

Michael Römer absolvierte ebenso wie Anja Eder sein Grafik-Design Studium in Düsseldorf. Hier begann bereits die berufliche Zusammenarbeit der beiden. Bei diesem Buchprojekt arbeitete er mit an der Konzeption, den Texten und der Realisation.

Dirk Peters

1962-2017, schrieb und produzierte Radio-Features, Hörspiele und Ton-Collagen. Er führte ein Hörspiellabel und das Record-Label „free elephant", bevor er 2007 an ALS erkrankte. Mit der Erkrankung gründete er den Verein „Initiative Therapieforschung ALS e. V. " und machte Lobbyarbeit für mehr Forschung. Trotz seiner zunehmenden Behinderung blieb er journalistisch tätig. Er schrieb in seinem letzten Lebensjahr mithilfe einer Augensteuerung den Text der Seiten 8-15 dieses Buches.

DANK

Für die fachliche Unterstützung

Christopher Bause
Biologe M.Sc., Bochum

Hans Jürgen Martin
Bienenkundler, Solingen

Bernhard Jacobi

Fachliche Unterstützung Seite 214-223 :
Andrea Jakubzik
Entomologin, Leverkusen
Dr. Klaus Cölln
Entomologe, Gönnersdorf

Katharina Janthur
Gärtnermeisterin, Wuppertal
Christoph Janthur
Gärtnermeister, Wuppertal

Für die Unterstützung bei Druck / Produktion / Vertrieb

Michael Matschuck
druckpartner, Druck – und Medienhaus GmbH Essen
Mitherausgeber des Magazins „Mondberge"

Andreas Klotz
TiPP 4 Verlag – Verlag und Charity-Engagement
Medien für den Natur- und Artenschutz

Informationen über weitere Bücher und Projekte von Anja Eder

https://www.wildbienen-garten.de
instagram: @wildbienenhelfer und @anja_eder_illustration_

QUELLEN

Literatur:

Amiet, F., Krebs, A. (2014): Bienen Mitteleuropas, Gattungen, Lebensweise, Beobachtung - Haupt, Bern
Amiet F., A. Müller & C. Praz. 2017. , Apidae 1 , (2017) Fauna Helvetica 29, Neuchâtel
Amiet F., A. Müller & Neumeyer R., Apidae 2 , (2014) Fauna Helvetica 4, Neuchâtel
Amiet F., Herrmann M., A. Müller & Neumeyer R., (2001) Apidae 3 , Fauna Helvetica 6, Neuchâtel
Amiet F., Herrmann M., A. Müller & Neumeyer R., (2004) Apidae 4 , Fauna Helvetica 9, Neuchâtel
Amiet F., Herrmann M., A. Müller & Neumeyer R., (2007) Apidae 5 , Fauna Helvetica 20, Neuchâtel
Amiet F., Herrmann M., A. Müller & Neumeyer R., (2010) Apidae 6 , Fauna Helvetica 26, Neuchâtel
Bellmann, H., (2009): Der neue Kosmos Insektenführer - Franckh-Kosmos, Stuttgart
Bremness, L., (2005): Kräuter - Dorling Kindersley, Starnberg
Cheers, G., Hrsg., (2000): Botanica, das ABC der Pflanzen - Könemann, Köln
Dathe, H.H., Scheuchl, E., Ockermüller, E. (2016): Entomologica Austriaca Supplement 1 - ÖEG, Graz
Gokcezade, J.F., Gereben-Krenn, B.-A., Neumayer, J., (2017): Feldbestimmungsschlüssel für die Hummeln Österreichs, Deutschlands und der Schweiz - Quelle & Meyer, Wiebelsheim
Goulson, D., (2016): Und sie fliegt doch, Eine kurze Geschichte der Hummel - List, Berlin
Kremer, B.P., (2014): Mein Garten – Ein Bienenparadies - Haupt, Bern
Michener, C.D. (2007): The Bees of the World - The Johns Hopkins University Press, Baltimore
Pauline, P., Hrsg., (2002): Enzyklopädie des biologischen Gärtnerns - Dorling Kindersley, München
Radtke, J., Schirm, P., (2002): Stauden, einheimisch, mehrjährig (nach Nektar- und Pollenwert) - Länderinstitut für Bienenkunde Hohen Neuendorf e.V.
Scheuchl, E., Willner, W. (2016): Taschenlexikon der Wildbienen Mitteleuropas - Quelle & Meyer, Wiebelsheim
Spohn, M., (2015): Was blüht denn da? - Franckh-Kosmos, Stuttgart
Westrich, P., (2014): Wildbienen Die anderen Bienen - Dr. Friedrich Pfeil, München
Westrich, P., (2018): Die Wildbienen Deutschlands - Verlag Eugen Ulmer, Stuttgart
Wiesbauer, H., (2017): Wilde Bienen Biologie – Lebensraumdynamik am Beispiel Österreich – Artenporträts - Ulmer, Stuttgart
Wiesbauer, H., Rosa, P., Zettel, H., (2020): Die Goldwespen Mitteleuropas. Biologie, Lebensräume, Artenporträts - Ulmer, Stuttgart
Zurbuchen, A., Müller, A., (2012): Wildbienenschutz – von der Wissenschaft zur Praxis - Haupt, Bern

Veröffentlichungen digital:

Bundesamt für Naturschutz, Gefäßpflanzen – Portraits wichtiger invasiver und potentiell invasiver Gefäßpflanzen, *http://neobiota.bfn.de/handbuch/gefaesspflanzen.html*
Bundesamt für Naturschutz, Naturschutzfachliche Invasivitätsbewertungen für in Deutschland wild lebende gebietsfremde Gefäßpflanzen, S. Nehring, I. Kowarik, W. Rabitsch und F. Essl (Hrsg.)
https://www.bfn.de/fileadmin/MDB/documents/service/skript352.pdf
Bayerisches Landesamt für Umwelt, Neophyten – Pflanzenportraits, UmweltWissen – Natur, Dr. Katharina Stroh, Dr. Herbert Preiss, Brigitte Schäffler
https://www.bmuv.de/fileadmin/Daten_BMU/Download_PDF/Artenschutz/invasive_arten_empfehlung.pdf
https://www.lfu.bayern.de/buerger/doc/uw_42_neophyten_pflanzenportraits.pdf
Netzwerk Blühende Landschaft – Mellifera e.V., Liste blühender Stauden für den Garten, *http://www.bluehende-landschaft.de/fix/doc/NBL-14-Staudenliste-1008.pdf*
Nordwestdeutsche Forstliche Versuchsanstalt, Bildtafeln zur Bestimmung von Weidenarten, Zusammengestellt von Dr. Karl Gebhardt
https://www.nw-fva.de/fileadmin/user_upload/Sachgebiet/Untersuchung%20genetischer%20Diversitaet/Weidenzuechtung/Salix_Bildtafeln-14.pdf
https://www.floraweb.de - Daten und Informationen zu Wildpflanzen und zur Vegetation Deutschlands
https://neobiota.bfn.de - Informationen zu gebietsfremde und invasive Arten in Deutschland

Webseiten:

www.aktion-hummelschutz.de / www.apidarium.de / www.biologiezentrum.at / www.bluehende-landschaft.de / www.bmub.bund.de / www.botanik-bochum.de / www.bund.net / www.bund-nrw-naturschutzstiftung.de / www.bwars.com / www.die-honigmacher.de / www.dnl-online.de / www.floraweb.de / www.gartendatenbank.de / www.hu-berlin.de / www.insekten-sachsen.de / www.lfu.bayern.de www.mellifera.de / www.nabu.de / www.naturgartenfreude.de / www.naturspaziergang.de / www.neobiota.bfn.de / www.nrw.nabu.de / www.nw-fva.de / www.offene-naturfuehrer.de / www.pflanzenforschung.de / www.ufz.de / www.wildbienen.de / www.wildbienen.info / www.lwg.bayern.de

BILDNACHWEIS

Fotografien und Illustrationen der Wildbienen und Pflanzen: © Anja Eder
Bis auf folgende Ausnahmen:

Bienen: **Fotolia:** S. 40: Honigbiene Königin © klagyivik
Blühpflanzen: **Fotolia:** S. 26: Haselnuss © emuck / S. 60: Weide rechts © Lucky Dragon / S. 60: Weide mitte © voltan / S. 86: Gefleckte Taubnessel © Alois / S. 87: Acker-Schöterich © spline_x / S. 87: Wiesen-Kerbel © richpav / S. 87: Frühlings-Fingerkraut © Le Do 123rf / S. 87: Echtes Barbarakraut © nadin333 / S. 87: Goldlack © Marty Kropp / S. 110: Nachtviole © nadin333 / S. 113: Echte Moorbeere © Tamara Kulikova / S. 115: Rapunzel-Glockenblume © Alexander Potapov / S. 115: Preiselbeere © dabjola / S. 142: Muskateller-Salbei © spline_x / S. 115: Preiselbeere © dabjola / S. 142: Muskateller-Salbei © spline_x / S. 149: Wiesen-Alant © kazakovmaksim / S. 151: Knäuel-Glockenblume © nadin333 / S. 154: Weiße Zaunrübe © Franziska Krause / S. 154: Wiesen-Bärenklau © unpict / S. 157: Hauhechel © spline_x / S. 171: Feld-Mannstreu © Bogdan / S. 171: Meer-Mannstreu © Picture Partners / S. 173: Flachblatt-Mannstreu © salita2010 / S. 176: Echte Hauswurz © Martina Osmy / S. 179: Gewöhnliche Goldrute © nadin333 / S. 181: Teufelsabbiss © Henrik Larsson / S. 183: Echter Eibisch © emer / S. 188: Roter Zahntrost © kazakovmaksim / S. 188: Gemeiner Augentrost © Alois / S. 196: Berg-Sandglöckchen © Tamara Kulikova / S. 196: Heidekraut © ms_lms Fotolia / S. 196: Gänsefingerkraut © leonikonst Fotolia / S. 197: Milchstern © M. Schuppich Fotolia / S. 197: Spargel © Christophe Fouquin Fotolia / S. 197: Zaunrübe © emer Fotolia / S. 198: Knäuel-Glockenblume © Schmutzler-Schaub / S. 200: Heidelbeere © Daorson / S. 200: Preiselbeere © pisotckii / S. 200: Rauschbeere © Kodec / S. 200: Tauben-Scabiose © Schmutzler-Schaub / S. 200: Teufelsabbiss © argenlant / S. 205: Echter-Eibisch © WF Seydlbast / S. 200: Wiesen-Kerbel © Mathias Karner / S. 200: Hirschwurz © emer / S. 200: Tauben-Scabiose © Schmutzler-Schaub / S. 204: Wildastern © christiane65 / S. 203: Blauer Lattich © PIXATERRA / S. 203: Orangerotes Habichtskraut © animaflora / S. 202: Kletten-Ringdistel © rainbow33 / S. 201: Rainfarn © M. Schuppich / S. 201: Echter Alant © M. Schuppich / S. 201: Gänseblümchen © koromelena / S. 201: Calendula © revenaif / S. 204: Wiesenschaumkraut © photobars / S. 204: Schöterich © Tamara Kulikova / S. 205: Heilziest © emer / S. 206: Sichelklee © Starover Sibiriak / S. 207: Salweide © argenlant / S. 207: Gelbe Zistrose © Ifrabanedo / S. 207: Salbeiblättrige Zistrose © Alfredo / S. 207: Weißliche Zistrose © Rosina Schneider /
123rf: S. 64: Lerchensporn © Anton Lopatin 123rf / S. 64: Kornelkirsche © Syrbu Igor 123rf / S. 85: Gamander-Ehrenpreis © Richard Griffin 123rf / S. 111: Inkarnat-Klee © Jolanta Dabrowska 123rf / S. 141: Blaue Himmelsleiter © Anton Lopatin 123rf / S. 143: Wiesen-Storchschnabel © Anton Lopatin 123rf / S. 143: Wiesen-Storchschnabel © Anton Lopatin 123rf / S. 153: Borretsch © Oksana Tkachuk 123rf /
Weitere: **Fotolia :** S. 216: Laub © weixx / S. 216: Trockenmauer © So happy / S. 222: Insektenhotel © 1110tulpe / S. 223: Holzscheibe © ernstboese
Balkon: S. 210-211 Katrin Wittek

IMPRESSUM

Herausgeber:
Anja Eder

Text:
Anja Eder, Dirk Peters, Michael Römer

Idee / Konzeption:
Anja Eder, Michael Römer

Gestaltung / Fotografie / Illustration / Umsetzung:
Anja Eder

(Fotografie: Ausnahmen siehe Liste Seite 247)

Verlag:
TiPP 4 GmbH
Andreas Klotz
Von-Wrangell-Straße 2
53359 Rheinbach
Telefon: 0 22 26 - 91 17 99
Telefax: 0 22 26 - 90 84 22
tipp4@tipp4.de
www.tipp4.de

Druck:
druckpartner
Druck – und Medienhaus GmbH
Michael Matschuck
Am Luftschacht 12
45307 Essen
www.druckpartner.de

Klimaneutrale Druckproduktion „bluegreenprint®"
Papier: Magno Volume, 150 g/m²

ISBN 978-3-9439692-7-6